向 昆 著

Research on Civilization Development in the New Era

新时代的文明发展研究

以上海杨浦区文明发展实践为例

东方出版中心有限公司

图书在版编目（CIP）数据

新时代的文明发展研究：以上海杨浦区文明发展实践为例 / 向昆著. —上海：东方出版中心, 2021.5
ISBN 978-7-5473-1825-6

Ⅰ. ①新… Ⅱ. ①向… Ⅲ. ①生态文明－城市建设－研究－杨浦区 Ⅳ. ①X321.251.3

中国版本图书馆CIP数据核字（2021）第079137号

新时代的文明发展研究
——以上海杨浦区文明发展实践为例

著　　者　向　昆
责任编辑　张爱民
封面设计　钟　颖

出版发行　东方出版中心有限公司
地　　址　上海市仙霞路345号
邮政编码　200336
电　　话　021-62417400
印 刷 者　杭州日报报业集团盛元印务有限公司

开　　本　710mm × 1000mm　1/16
印　　张　17.75
字　　数　280千字
版　　次　2021年6月第1版
印　　次　2021年6月第1次印刷
定　　价　99.00元

目　录

第七章 杨浦“文明发展”的新特色

第八章 杨浦“文明发展”的新风尚

第九章 “文明发展”的创建活动

第十章 “文明发展”的网络空间

前 言

三年前在指导上海市杨浦区创建全国文明城区的过程中，我们感受到了"百年杨浦"在新时代的文明发展实践、文明发展成果。

杨浦新时代的文明发展，聚焦"全国文明城区建设"，在创建全国文明城区中凝魂聚气、鼓舞士气、淳化风气、涵养心气，把广大干部群众建设"三区一基地"的精、气、神进一步鼓动起来，把创新杨浦和文明杨浦的形象进一步树立起来。

一是凝魂聚气。新时代杨浦旗帜鲜明地用习近平新时代中国特色社会主义思想凝魂聚气，结合组织开展庆祝新中国成立70周年系列活动精心组织群众性主题宣传教育，集中展示新中国成立70年来特别是党的十八大以来国家和上海取得的巨大成就，展示杨浦创新发展的大好局面和杨浦人民蓬勃向上的精神风貌，激励和动员全区上下紧密团结在以习近平同志为核心的党中央周围，不忘初心、牢记使命、上下同心、开拓奋进。

二是突破提升。整洁优美、文明有序的城市环境是城市文明程度最直观的表现，是文明城区创建的重要内容。通过过去几年持续用力，特别是加快旧区改造、滨江贯通和基础设施建设，杨浦的城区面貌显著改善。在优化城市环境，练好“内功”的同时提升“颜值”。同时充分发挥“社区规划师”的作用，注重在细微处下功夫，加大背街小巷等整治力度，建立扬尘污染、卫生脏乱、占道经营、非法广告等常态化治理机制，保证市容环境“干净、整洁、规范、有序”。

三是树风育人。新时代杨浦突出抓好“育新人”这项使命任务，注重提高人的文明素质、塑造人的精神风貌、促进人的全面发展，着力培养担当民族复兴大任的时代新人。全面大力开展全民学礼仪、全民讲环保、全民守秩序、全民讲诚信、全民传爱心、全民读经典等系列活动，弘扬时代新风，持续深入开展市民文明行为养成教育；同时大力加强新“七不”行为规范宣传，深入开展文明旅游、文明交通、文明居住、文明餐桌、文明观演（赛）等专项行动。

从新时代杨浦的文明发展中，我们感受到了杨浦人民的信仰、信念、信心，感受到了杨浦“文明发展”的软实力。为此，这两年由我领衔撰写《新时代的文明发展研究——以上海杨浦区文明发展实践为例》专著。

本书共12章，五大板块。第一板块（第一、二章）：文明发展的理论和杨浦文明发展史。在界定文明定义多样性，阐释文明与社会文明的关系、“文明发展”扬弃“发展”理论范式的基础上，梳理并阐释了杨浦百年工业文明、百年高校文明、百年城市文明，揭示了新时代“文明发展”的百年历史底蕴。

第二板块（第三、四、五章）：杨浦“文明发展”的价值诉求及其发展的生态、社会环境。以杨浦通过理想信念教育、修身实践进而促进杨浦文明新风尚的形成，不断提升杨浦“文明发展”的生态环境和社会秩序环境的品质。

第三板块（第六、七、八、九章）：在全面揭示杨浦“文明发展”的新载体——“文明实践”的两大特色：打造“文明实践”圈，打造“文明实践”带的基础上，将纳入文明校园创建、文明社区创建、文明单位创建和志愿服务等，进而深刻揭示新时代杨浦文明发展的新特色、新成效。

第四板块(第十章)：说明杨浦的“文明发展”不仅是现实世界的“文明发展”，而且包括“网络”虚拟世界的文明发展，杨浦的“网络文明”建设，“网络文明”治理，展示了杨浦文明发展的“新天地”。

第五板块(第十一、十二章)：将杨浦的“文明发展”放到中国特色的城市化中去分析，揭示杨浦“文明发展”在中国特色城市化中的地位、“文明发展”取向和内容的中国特色，以及杨浦“文明发展”对中国特色城市发展的示范意义。并在最后一章以“睦邻家园”促进杨浦“文明发展”为落脚点，说明杨浦“文明发展”的根基在社区，而且揭示出杨浦的“睦邻家园”建设对杨浦可持续文明发展的价值。

从一个特大型城区的“文明发展”理论与实践研究与阐释新时代的“文明发展”，只是一种尝试、一种探索，希望能给有兴趣的理论与实践工作者提供借鉴和参考，其中一定尚存种种不足，有待我们进一步研究，也期待大家提出批评指正。

向昆

2021 年春

第一章

文明与文明发展的理论

习近平总书记在2013年中共中央政治局第七次集体学习时指出：中国特色社会主义这条道路来之不易，它是在改革开放30多年的伟大实践中走出来的，是在中华人民共和国成立60多年的持续探索中走出来的，是在对近代以来170多年中华民族发展历程的深刻总结中走出来的，是在对中华民族5 000多年悠久文明的传承中走出来的。文明悠悠，华夏千秋。中国5 000多年的文明传承，伴随着当代中国改革开放的有力步伐，进入了中国特色社会主义新时代。因而，文明被赋予了新的时代内涵和新的诠释，文明发展成为发展的新的动力机制，让民生幸福有了更为可靠的保证和凭借。

一、文明的新诠释

在对文明的各种定义、文明与文化、文明与社会的关系进行分析后，才能对文明作出新的诠释。

（一）文明定义的多样性

“文明”（civilization）一词源自近代欧洲，最初是用来形容人的行为方式，和“有教养的”“有礼貌的”“开化的”这一类意思相似。文明一词来自拉丁文“civitas”（城邦），故而也有“公民的”“市民的”这样的含义，即它和当时兴起的资产阶级有密切的关系。[①] 法国的启蒙学者最早使用这一名词,“该词最初确指对知识进步、技术进步、道德进步和社会进步的一种朦胧向往,也就是所谓‘启蒙思想’”。[②] 在使用中,文明的含义逐渐由指示个人的行为而具有了社会的意义。文明与“野蛮”相对应,用来指社会的一种进步的过程,一种进化所达到的状态,一种发展趋向。

但是,对文明的界定又各有不同的视角。于建嵘博士考察分析了中外关于文明的 35 种定义,按照其相关程度大致可进一步把这 48 种要素归纳为 16 种类型,并且统计出每一种类型的定义所占的比重。(1) 认为文明是主体,占 17%。文明主体可以是整个人类、国家,也可以是一个地区或者一个民族;(2) 认为文明是社会文明,占 21%。这种社会文明,可以是社会生活文明,也可以是社会的类型(社会结构、社会组织、社会模式和生活方式)的文明;(3) 认为文明指文化,占 11%;(4) 认为文明是一种进步状态,占 20%。这种进步可以指社会的光明、开化、现代和新内容,也可以指社会的发达和较高阶段,等等。

以上种种不同的文明定义,真是仁者见仁,智者见智,都有其一定的合理性。不过,要合理地界定文明,必须认识文明与“文化”以及文明与“社会文明”的关系。

(二) 文明与“文化”的关系

在“文明”一词流行的同时,“文化”一词也逐渐使用。由此,阐释文明的含义,必然涉及“文化”。据说德国人早先宁愿使用“文化”一词而不愿使用“文明”,后来他们用“文化”来指宗教、艺术、思想等精神方面的事物,而“文明”则用来指政治、经济等社会中的现实事物。到了 19 世纪,文明这一

① 高毅:《关于编撰〈世界文明史〉的几点想法》,《北大史学》1998 年第 5 期。

② 〔法〕布罗代尔:《文明史:过去解释现时》,顾良、孙志君译:《资本主义论丛》,第 125 页,中央编译出版社 1997 年版。

概念已经成为西方国家进行民族扩张和殖民运动的辩护词。他们认为文明这一进程在自己的内部已经完成,“从根本上来说,他们自认为自己是一个现存的,或者是稳固的‘文明’的提供者,是一个向外界传递‘文明’的旗手。不断向前发展的整个文明进程在他们的意识中只留下一个模糊的印象。他们用文明的结果炫耀自己,以示自己的天赋高于他人”。①

1. 文明是包括文化的最大的实体

英国宗教社会学家道森认为,文明在概念等级上处于比文化更高的层次,即文明包括文化,而不是文化包括文明。一个文明可能涵括深刻而广泛的文化分化或文化多样性。因此,可以在讲法国文化、德国文化等的同时,不否认它们均属于一个共同的西方文明。② 也就是说,文明是最大的具有区别意义的生活共同体,在它之上不存在能将它囊括在内的更大的实体。文化却不是这样,它并不是最大的具有区别意义的实体,因为存在着能够将它囊括在内的更大的实体。虽然文明和文化在许多情况下有语义重叠,但如果采用道森的区分方法,则它们在概念等级上的重要差别便更能凸显出来。它们的所有语义差异中,这种概念等级上的差别也许是最重要的。

文明实体论的另一个杰出代表是法国当代历史学家布罗代尔。他强调文明的整体性内容,认为文明首先体现在一个地理区域。因此,讨论文明便是讨论空间、陆地及其轮廓、气候、植物、动物等有利的自然条件。其次,文明等同于社会。他认为这两个概念指的是同样的一个现实,文明与社会两者是永远不可分离的,只不过文明所隐含和包括的时段相比于任何特定的社会现象都要长得多。③ 布罗代尔的这种文明观及其研究可追溯到斯宾格勒和汤因比等人。

亨廷顿认为:“文明和文化都涉及一个民族全面的生活方式,文明是放

① 高毅:《关于编撰〈世界文明史〉的几点想法》,《北大史学》1998 年第 5 期。
② Christopher Dawson, The Dynamics of World History, New York, 1956, edited by John J. Mulloy, p.403.
③ 〔美〕费尔南·布罗代尔:《文明史纲》,第 29、35、36 页,广西师范大学出版社 2003 年版。

大了的文化。”“文明是一个最广泛的文化实体。乡村、宗教、种族群体、民族、宗教群体都在文化异质性的不同层次上具有独特的文化。”[①]他认为当代世界主要有八种文明：西方文明、中华文明、日本文明、印度文明、东正教文明、伊斯兰文明、拉丁美洲文明和非洲文明，当代人在文明的作用下组成文化共同体，不同文化的国家之间最有可能的是相互疏远和冷淡的关系，即文明间的竞争性共处——冷战与和平，也可能是高度敌视的关系。他还认为，文化实际上是所有文明定义的共同主题，在所有界定文明的客观因素中，最重要的通常是宗教，人类历史上的主要文明在很大程度上被等同为世界上的伟大宗教。“因此，文明是人类最高的文化归类，人类文化认同的最广范围，人类以此与其他物种相区别”。[②]

2. 文化是文明的典型表现

文明展示了人类社会向前发展的所有方面，所以，人们才把社会发展称为文明的进步，把人类社会称为“文明的社会”，而没有称为“文化的社会”。文化的社会只是表现出文明社会的某一方面。与文明相比，文化集中表现人的精神内涵，或把人的精神思想以物化的形式记录下来，使后人从中看到人类精神思维发展的轨迹，因而成为人类文明的典型表现。

首先，古老的文明孕育深厚的文化。一种文化形态可以越来越成熟，甚至走向衰老，而文化却因其文明的古老，能够建立起非凡的伟大的文化。如中国有几千年的封建文明史，尽管这种文明在近代已经落后并被资本主义文明击败，但建立在几千年封建文明史上的中国封建文化却是如此地博大精深，以致成为封建文明的代表。它并不因为封建文明的消亡而消亡，相反，它成为永远消失的那个古老文明时代的人们精神的表现，并因而具有永久的魅力。

其次，文明形态的不断发展，使旧的文明不断被新的文明取代，旧文明

---

① 〔美〕塞缪尔·亨廷顿：《文明的冲突与世界秩序的重建》，第 24—26 页，新华出版社 1998 年版。
② 同上书，第 26、29—32 页。

的价值也随着存在理由的逐步消失而慢慢降低；而文化由于在历史继承性上的特殊规律，成为新文化形成的基础，其中代表这个文明形态精华的理性思维成果，在新的文明发展阶段得到发扬光大。如古希腊哲学是超乎寻常的古希腊文明的产物，尽管这个人类的“超常儿童”消失了，但古希腊哲学思想作为人类幼稚时代对周围万物的成熟思考，而成为启迪和培植西方中世纪、近代、现代乃至当代思想文化的宝库与沃土。从这个意义上看，文化主要指人类精神思想的凝聚和发展。

对文化和文明的关系，《中国大百科全书》（哲学卷）的界定是：“文化中的积极成果作为人类进步和开化状态的标志，便是文明”“人类文明从来是以进步文化为基础，没有进步文化的发展，就不会有文明的发展”。所以，文明包括文化且高于文化，文明是文化的升华；文明离不开文化，文明要以文化为基础，但又不等同于文化，而是文化精华之所在。人类历史上所创造的一切精神和物质形式的成果，其中既有优秀的传世之作，也有落后以至腐朽的糟粕，而只有真正反映时代精神的文化成果，才真正称得上是文明的因素，是人类社会文明发展链条上的一颗颗珍珠。

（三） 文明与社会文明的关系

如前所述，法国当代史学家布罗代尔强调文明等同于社会，不仅因为这两个概念指的是同一个现实，而且是两者不可分离。离开社会的支持，离开社会带来的张力和进步，文明便不能存在。所以，这里必须先说明文明与“社会”的关系。

狭义的“社会”，一般与“经济”相对应。所以，常常会用经济与社会协调发展来指称“社会”，反映“社会”的发展水平。广义的“社会”，一般从以下三个层面来表达：一是“社会”包括经济、文化、生态的“大社会”概念；二是对“社会”的发达程度的指称，如“农业社会”“工业社会”“信息社会”“智能社会”；三是对人类社会的演进的指称：“原始社会”“奴隶社会”“封建社会”“资本主义社会”“社会主义社会”“共产主义社会”。显然,以上三个层面关于“社会”的含义,从动态演进的意义上看,无论是从“农业社会”演进到“智能社会”,还是从“原始社会”到“共产主义社会”,反映的是文明在“社会”领域的进步。

如果说人脱离“动物”世界、脱离愚昧落后是一种文明的开端,那么,人类从“农业社会”进入到“信息社会”,不仅表明了人类创造的文明不断从低端走向高端,而且表明人类文明的储存方式进入了以“信息”“数字”等方式来储存、表达、交流,文明的信息以几何级倍数增长。在上述意义上,文明与“社会”具有高度的相关性与一致性,讲文明,不能脱离承载文明与促进文明发展的“社会”。

值得注意的是,布罗代尔曾论断“文明隐含和包括的时代,相比于任何特定的社会现象要长得多”。毋庸置疑,文明从其不断提升、进步的历史长河中看,肯定比某一社会形态以及某一社会现象长得多。但是,布罗代尔对特定“社会现象”缺乏准确的分析说明,特定的“社会现象”可以指特定“社会形态”中的社会理想、社会价值观、社会思潮等,文明的时段自然比它长。这样的说明意义不大,阐释的是文明与“社会文明”的关系。

“社会文明”一般是指:(1)某一社会发展阶段的“社会文明”,如中国特色社会主义时期,改革开放之前(计划经济时期)的“社会文明”,明显不同于改革开放以后的“社会文明”。两者的水平不能简单地以“文明有礼”“友好互助”等伦理道德来评价。因为改革开放以后的“社会文明”是在“社会分层”“社会利益”“社会结构”等大调整之后的“社会文明”,两者只有相对可比性。改革开放40年来随着科技进步综合国力增强,人民生活水平提升而形成的“社会文明”,虽然还有种种不足,但它是在更高层次上的“社会文明”提升。(2)同一社会发展阶段不同地区、不同国家之间的“社会文明”水平。如中国东部发达地区的“社会文明”相对高于中西部相对落后地区的“社会文明”;中国作为一个发展中国家,仅从公民出行的火车站、长途汽车站等来观察，其“社会文明”程度远低于英国、德国、日本等发达国家。所以，国家“十三五”规划中明确：到 2020 年全面小康社会建成，“社会文明”程度与市民文明素质明显提高。

对“社会文明”作分析后不难看到，文明作为一个人类社会的不断进步的状态，相对于“社会文明”时间段更久远、包容性更宽广，而“社会文明”则是特指某一社会时期、某一社会阶段的文明。然而，“社会文明”比一般意义上的文明更直接、更具价值。它直接反映不同国家、不同地区、不同城市的“社会”文明和谐有序状况，直接影响该地区社会的人与人之间的关系，影响该地区的不同种族、不同民族之间的文明和谐。所以，“社会文明”的提升更难，它是对一个城市一个地区市民的习俗、文化、风尚的整合、改变和提升。

在对“文明与文化”“文明与社会文明”的关系作分析之后，我们对文明从以下几个阶段作出新的诠释：（1）从文明与“文化”的关系看：文明是一个最广泛的文化实体，文明是放大了的文化；（2）从文明与“社会”关系的视角判断文明：文明即“社会”，社会的发展意味着人类文明的进步，“社会文明”虽然不如文明更久远，但它是不同社会发展阶段反映不同时期的不同国家、不同地区、不同城市的“社会”文明和谐有序状态；（3）从文明伴随人类劳动实践的发生与发展的关系看：“文明是实践的事情”。

概括上述三方面含义，一般可说：文明是人类（社会）实践成果中丰富多样的文化样式，标示着永不歇息的追求未来、引导人类不断地从地球文明向宇宙文明拓展的趋势。

二、 从文明到文明发展

中国改革开放的实践，从“摸着石头过河”（偏重经验的实践）到“两个文明”协调发展的实践，其实践基础和理论范式便是弘扬“文明发展”理念的“文明实践”，以“文明发展”的理念为宗旨和指导，以“文明发展”的实践为基础，体现“科学理性”“价值理性”“实践理性”相统一本质特征的“文明发展”的实践理论范式。

(一)“文明发展”对“发展”理论范式的扬弃

“文明发展”范式,扬弃了发展理论与“现代性”思想家反思批判“现代性”思想的积极成果,在以下四个方面实现了超越:

1. 研究范式的扬弃

发展理论要确立新的研究范式,就不能简单地理解“范式”。库恩说过,范式代表着一个特定共同体成员所共有的信念、价值、技术等构成的整体。但不能像有的学者那样,把不同的研究路径、不同的研究思路、不同的研究方法当作“范式”转换。基于“两个文明”协调发展与现代化实践的“文明发展”范式,之所以是对“合理性”“交往实践”等范式的“扬弃”,就在于该范式的提出汲取了近现代以来世界各国对“发展”与“现代性”追求的成果,又引导种种对“发展”与“现代性”的追求必须坚持“文明发展”的宗旨,即必须坚持走生产、生活与生态“三位一体”的文明发展的道路。所以,在一定意义上说,“文明发展”范式又是对人类发展、当今世界各国发展与现代化追求具有普遍性意义的理论范式的概括。可以说,人类发展史也是人类基于不同的“文明发展”实践阶段和水平而追求“文明发展”的历史。

2. 研究基础的扬弃

哈贝马斯批判现代性、现代化运动、现代文明社会,但不认为现代性、现代化运动、现代文明社会已不可救药。他认为,我们要像马克思对待黑格尔那样对待现代性,“务必小心翼翼,切莫将婴儿和洗澡水一起倒掉,然后再翱翔于非理性的天空”。[①]

哈贝马斯虽不屈尊后现代主义,但在后现代主义的冲击下,理性的权威在动摇,思维开始自我怀疑了,本质也在被消解。不过,现代性与后现代性

① 〔德〕尤尔根·哈贝马斯著,李安东、段怀清译:《现代性的地平线:哈贝马斯访谈录》,第37页,上海人民出版社1997年版。

有关本质的争论,给我们确立“文明发展”范式很大的启发。现代性是为了发现确定的本质,后现代性是为了确立本质的不确定性。所以,现代性体现为本质主义,后现代性则体现为反本质主义。

“文明发展”并不纠缠于本质与非本质的讨论,而是在“文明实践”的基础上实现“确定性”与“不确定性”本质相统一的文明发展。如果说为实现“两个文明”的协调发展,“文明发展”的理念、范式是确定的,那么如何实现“文明发展”则是不确定的,因为要实现“文明发展”需要破解“文明实践”种种不确定的因素。在这个意义上说,“文明发展”将“现代”与“后现代”对本质理解的确定性与不确定性,融合并统一于“文明发展”的范式。因此,“文明发展”范式可以说是“扬弃”了“现代”与“后现代性”对“本质”理解的基础。

3. 研究路径的扬弃

从马克思主义中国化的提出到“中国特色”社会主义现代化道路、“中国特色”社会主义制度的确立,基于中国“文明发展”实践的不同基础。该基础既包含着马克思主义中国化和中国特色社会主义的不同需求、不同任务、不同特点,又反映了马克思主义中国化和中国特色社会主义的水平、趋势,从而系统地表达出“文明发展”实践所具有的构建一种不同于“现代性”或“后现代性”形式的“新现代性”的历史意向和功能:它在扬弃了西方学者的“殖民主义现代性”、西方理论意义上的“现代化”,以及解构主义者意义上的“后现代性”的同时,内在地培育出一种符合实践逻辑、彰显“文明实践”理性精神的“新现代性”,即彰显一种实现中国特色社会主义现代化的“新现代性”,引导中国坚定地走“文明发展”道路,在文明发展中实现民族复兴中国梦的“新现代性”。

4. 研究方法的扬弃

在方法论方面,现代性研究有两个路向:一个是以韦伯为代表的理念论、观念论路向。韦伯认为,现代性之所以发生,是因为人们确立了某种宗教观、科学观、等级观、效率观,现代性的根本也就是合理性;另一个是以马克思为代表的社会本体论路向。马克思认为,社会存在决定社会意识,"手推磨产生的是封建主的社会,蒸汽磨产生的是工业资本家的社会"。[①] 现代性的发生本质上源于生产方式的转换,生产方式、社会存在是理解社会本质、社会发展理念的根本指导。

基于"文明发展"实践、进而以构建新时代中国特色的"现代性"为重要内容的新发展理念,是新时代中国深化发展与现代化的根本发展观念,也是理解、解读中国特色"两个文明"协调发展理论的深层基础。因为它将综合了观念论和本体论相统一的"文明发展"范式作为分析解读"两个文明"协调发展的理念与方法论,它要求我们对"两个文明"协调发展的解读,既要以新发展理念为指导,又不能脱离"文明发展"的实践基础,必须坚持"文明发展"的路径与方法。也正是在这个意义上说,新时代以新发展理念为指导的"文明发展",又是一种扬弃了"现代性"与"后现代性"研究的"观念论"与"社会本体论"相统一的方法论。

(二) 文明发展内蕴的理性逻辑

1. "文明发展"的科学理性

在康德看来,三种理性相统一,那是不可能的。康德认为,事实和价值的二分及其划界是不可弥合的。韦伯以理性主义分析资本主义,进而提出形式合理性与实质合理性、工具理性与价值理性的二分,一直影响到社会批判理论。在康德与韦伯那里,科学理性与价值理性、工具理性与价值理性的二分之所以不可弥合,因为它们本质上是停留于思想理论或观念层面分析两者之间的本质差异。殊不知,一旦进入"文明发展"的实践领域,文明发展实践的历史与现实张力,能促使两者结合,并能根据文明发展实践的力

① 《马克思恩格斯选集》第 1 卷,第 142 页,人民出版社 1995 年版。

量,在彰显文明发展科学理性的基础上,弥合两者的对立与矛盾,完善两者之间的关系。

“文明发展”实践科学理性的科学性在于:它要科学诠释什么是“发展”,如何实现物质文明与精神文明协调发展,或者说如何在促进生产、生活与生态三位一体协调发展中,展现“文明发展”的科学埋性。因而,“文明发展”的科学理性具有以下功能:一是文明发展内蕴的世界观与方法论,能在世界观的高度回答发展问题;二是文明发展在本质上具有发展引导“两个文明”协调发展的客观本质;三是“文明发展”的自身逻辑与我国经济社会发展的客观逻辑是一致的。以上三大功能,无论是在世界观高度还是在方法论层面,都离不开“当下”的“文明发展”实践,都以“当下”与“未来”“文明发展”实践的客观逻辑为基础,即要以符合“文明发展”实践的现实与历史逻辑为基础。不过,对“文明发展”实践客观逻辑的把握是一个过程。改革开放40年来,从“摸着石头过河”到新发展理念的提出,与中国的发展与现代性实践的客观逻辑进程是一致的。

2. 文明发展的价值理性

“文明发展”在引导“两个文明”协调发展中凸显其价值理性。为此,它要回答发展的宗旨和目的,即发展为了什么,协调发展以什么为目的,或者说衡量协调发展合理性的终极价值是什么?近现代以来,发展的价值取向从“以物为本”到“以人为本”“以人民利益实现为本”“以人的全面发展为本”,这既是发展观的重大转变,更是发展的价值理性的确定。“文明发展”的价值理性,是在“文明发展”的实践中认识和把握的,是在“文明发展”实践中并妥善处理“人本性与自然性”“经济性与人文性”“实效性与科学性”的矛盾关系中实现促进“两个文明”协调发生价值的。

(1)人本性与自然性的对立统一。人来自自然又高于自然。人一旦对其生存的自然界有所意识,其生存与发展的行为便可能与自然发生矛盾与冲突。历史上关于人与自然关系的“奴仆说”或“主人说”,都是对人与自然、“人本性”与“自然性”关系的扭曲；近现代以来人类发展的价值取向从“以物为本”到“以人为本”的转变，正是在“文明发展”实践中，认识与把握了“人本性”与“自然性”的对立统一关系之后，才形成人与自然应和谐相处的价值理性的。

（2）经济性与人文性的对立统一。发展的“经济性”是“以物为本”价值取向的直接表达。经济增长、经济发展也是实现“以人为本”价值取向的基础；经济发展的“物本性”取向与“人本性”的矛盾冲突，在现当代表现为“经济性”（即“物质性”）与“人文性”（即“精神性”）的矛盾与冲突，使人在不同程度上成为“经济人”，在不同层面、不同程度上推动“经济增长”；人在经济增长中的唯“经济化”“物化”意识、行为，必然弱化人的“人文价值”，弱化社会的精神文明。然而，“文明发展”又不可能不以“经济增长”为基础，关键在于认识与把握“文明发展”实践中的“经济性”与“人文性”的对立统一关系，以实现引导“两个文明”协调发展的价值理性。

（3）实效性与科学性的对立统一。“文明发展”的价值理性内蕴着发展的实效，即“文明发展”必然要关注发展的“有用性”和“结果性”，并从“文明发展”的结果性诸如发展带来的数量变化、形态变化、结构变化等来验证“文明发展”的实效性。“文明发展”的实效性是在发展的科学性指导下所取得的实效、实绩。因此，对“文明发展”实效性的认识与评估，常常是一项较为复杂的科学系统的工作。但人们又容易把“实效性”简单化或简化为“实用性”“有用性”，这就抽掉了“实效性”中的“科学性”内涵，发展的结果就没有真正的“实效”，可能是部分“实效”（如发展只惠及部分人、部分单位、部分地区），也可能是“虚假实效”（如发展带来的“泡沫”、虚假繁荣以及发展的“陷阱”）。这种背离了“文明发展”科学性的“实用性”“有用性”价值取向，实际上是偏离了“当下”的“文明发展”实践，在文明发展的“实效性”方面多跨了一步，走向了发展的“实用主义”。因此，如何提高对“当下”与“未来”“文明发展”实践的自觉意识，是保证文明发展的“科学性”对“实效性”的引领，保证“实效性”不滑向“实用性”，进而实现“文明发展”真正促进“两个文明”协调发展价值理性的关键。

3.“文明发展”的科学理性、价值理性与实践理性的统一

源于“文明发展”实践逻辑的实践理性，具有内在的张力和逻辑力，使实践理性具有统筹整合科学理性与价值理性的功能。“文明发展”的实践理性不会因为科学理性或价值理性一时的偏执，而倒向哪一边，它也不会因为科学理性或价值理性的一时成功或失败，而否认另一种理性；它总是能在“文明发展”实践的时空结构中，以“文明发展”实践理性的内在张力（“实践逻辑”的需求）整合两种理性。正是在这个意义上，我们把“文明发展”的实践理性界定为：在促进两个文明协调发展的实践中，以“文明发展”的实践逻辑的需求为导向，具有在实践目的、过程和结果层面统筹并整合科学理性与价值理性功能的理性，并自觉地以“文明发展”实践的结果来验证发展的科学性与价值性。“文明发展”的实践理性在以下三个层面整合着发展的科学理性与价值理性。

（1）实践过程理性的整合。“文明发展”实践是作为一个过程展开的。在宏观意义上，“文明发展”实践过程如同时间空间一样，难以确定其起点和终点。但就某一客观事物、某一区域的协调发展实践来看，有起点、阶段与结果。自觉地认识与把握“文明发展”实践在发展起点、发展阶段、发展结果上的不同特点，并善于根据上述不同的特点整合的协调发展的科学理性与价值理性，这是实践过程理性的要求。

（2）实践功能理性的整合。一般而言，“文明发展”实践的实践逻辑内蕴着“劳动实践”“交往实践”“探索实践”。当然，这三种类型有交叉、重叠，我们只是从不同实践的主导目标和价值对它们作一相对的区分。对三种实践类型的相对区分是想说明不同实践类型的功能也相对区别。如一般的、人人都参与的“劳动实践”，就不同于少部分人对未知对象、未来世界的探索实践，人类的“劳动实践”必然内含着人与人之间的“交往”，但是，现当代的“交往实践”并不必然内含体力或脑力（智力）“劳动”，交往中的“投机”“欺骗”或“欺诈”，以及“虚拟网络”空间交往的广袤性、即时性，已抹去或遮蔽了一般的“劳动实践”的特点，却无法脱离“交往实践”。认识不同实践类型的不同功能，目的是要善于在不同的实践中，以不同实践类型所具有的功能理性，来整合“文明发展”引导“两个文明”协调发展实践中的科学理性与价值理性。

（3）实践结果理性的整合。具有科学性与价值性的“文明发展”实践，必须通过“文明发展”的结果来检验协调发展的科学性与价值性。“文明发展”实践结果理性对“两个文明”协调发展科学理性与价值理性的检验，既是实践理性本身所具有的功能，又是“文明发展”的科学理性与价值理性进一步引导“两个文明”协调发展实践的要求；即只有通过“文明发展”实践理性对科学理性与价值理性的检验（也是一种整合，即发现“文明发展”实践中不科学、不合理的东西，或不完善的方面，加以修正与完善），才能完善“文明发展”的科学理性与价值理性，以更好地引导“两个文明”协调发展实践。

值得注意的是：“文明发展”的实践理性对科学理性与价值理性的整合是客观具体的，又是多方面的、有层次的；一定的“文明发展”实践理性水平只能在一定的层次、方面检验和修正发展的科学理性与价值理性。所以，不断改进实践基础、实践条件、实践环境，提高“文明发展”实践理性的水平，能使我们更好地发挥“文明发展”实践理性对科学理性和价值理性整合的作用。

人类在发展的实践中走向未来，人类也必须学会在“文明发展”实践中认识、把握并解决好“文明发展”的科学理性、价值理性与实践理性的统一性问题，这也是“文明发展”实践范式深层次的本质及其要求。总之，以“文明发展”实践的实践逻辑为基础，张扬实践理性，使其不仅能整合“两个文明”协调发展的科学理性与价值理性、工具理性与价值理性之间的二元对立，而且能成为真正破解“两个文明”不协调发展的种种困惑，不断地在“文明发展”实践中，引导“两个文明”协调发展。

文明发展内蕴的科学理性、价值理性和实践理性的本质特征，又在解构“增长主义”、增进民生幸福促进“两个文明”协调发展的过程中，体现“文明发展”的本质特征及其功能。

（三）解构“增长主义”，促进文明发展

1.“文明发展”对“增长主义”逻辑的解构

改革开放40年来，虽然国家不断倡导发展的质量，但是几十年来的“高增长”产生了唯一的“增长主义”，由此留下的种种后遗症，必须深刻反思，必须坚持在“文明发展”宗旨的引导下解构“增长主义”，体现“文明发展”的特征功能。

以高增长为核心的“增长主义”实质上是以资本主义的“资本无限积累”为基础的。难怪美国著名历史学家、社会学家、“世界体系”论者沃勒斯坦认为，至今为止，位于全球主导的仍然是资本主义的生产方式。但是，沃勒斯坦并不真正了解中国特色社会主义，所以也不清楚中国特色社会主义自身的制度优势能在改革与发展实践中不断完善发展道路、发展模式。

当然，社会主义要富裕、要增长、要发展生产力，但并不是富裕了、生产力发展了就是社会主义。社会主义与资本主义的最大差异是将建设公平、公正、文明幸福的社会作为最根本意义上的价值取向，从空想社会主义到科学社会主义、再到中国特色社会主义实践，在这一点上都是一致的。离开这一根本宗旨和价值理念谈“增长”，谈富裕，谈生产力发展，必然会丢弃社会主义的本质，背离社会主义的初衷。需要特别指出的是，尽管在人类社会发展史上，包括资本主义国家在内的绝大部分国家都号称要追求建设公平、幸福的社会，但只有社会主义国家能够将其付诸实践，能够通过制度安排真正实现这一目标，具有科学理性、价值理性、实践理性相统一的“文明发展”，正是基于中国特色社会主义制度的一种内在需求、内在安排。在中国特色社会主义制度框架内的“文明发展”，具有自我修复、完善种种“不文明”发

展、“不协调”发展的功能，进而促进“两个文明”的协调发展。

在中国特色社会主义制度下的“文明发展”，是一种综合性的、包容性的发展，它所指向的是生产、生活与生态的全面、协调、可持续的发展，其中，生产发展是基础，生活富裕是目的，生态平衡是保障，三者相辅相成、互为条件，缺一不可。事实上，也唯有走生产协调、生活富裕、生态平衡的文明发展道路，才能够真正建立起公正、和谐、幸福、文明的中国特色社会主义社会。

如果说“发展生产力”，实现共同富裕，回答了什么是社会主义，社会主义和谐社会建设回答了怎样建设社会主义，那么，“文明发展”则回答了如何可持续高质量增长，可持续推进中国特色社会主义事业发展的问题。也正是在这个意义上说，“文明发展”不仅在可持续发展的意义上夯实了中国特色社会主义的基础，而且回应了“增长方式”离不开资本主义的断言，解构了增长主义唯“资本”为大，唯“资本”才能解决一切问题的逻辑基础。

2.“文明发展”对“增长主义”价值取向的解构

唯 GDP 的增长主义，其价值取向是“货币资本”的增长、“物质财富”的增长，即“见物不见人”的增长，结果导致增长质量、增长效益的缺失，导致发展中价值理性的缺场和失语，由此产生了种种增长悖论、增长困境。

中国特色社会主义制度下的“文明发展”，不仅要做到生产、生活、生态三个方面的协调发展，而且始终要明确“为谁发展”，“为何发展”，将“以人为本”作为“文明发展”的根本宗旨和价值取向，要求引导和规范“资本增长”，保障社会公正和人民幸福。孙中山先生曾经说过：“发展文明，非仅关于财富一方面，并负谋人民之幸福与安全。”孙中山先生强调的“发展文明”应为人民谋幸福，不仅将是否“为人民谋幸福”作为检验发展文明与不文明的标准，而且将“为人民谋幸福”作为一种价值取向，与新时代中国走“文明发展的道路”一脉相承，所指向的正是“以人为本”“以民为本”的“文明发展”，以“人的幸福”为本的“文明发展”。这就使得发展实现了为了人、朝向人的合理回归，解构了“增长主义”中盛行的“见物不见人”的不合理价值取向。

3.“文明发展”对“增长主义”评价尺度的解构

唯 GDP 论是增长主义的主要特征,习近平强调,今后不以 GDP 论英雄。那么,随之而来的问题是:我们该如何评价“增长”和“发展”的绩效?中国特色社会主义制度框架中的“文明发展”并不是要完全否定经济增长、否定 GDP 的基础性作用,而是要打破 GDP 迷信,不再将 GDP 作为唯一的、独断的评价尺度。

文明发展的评价尺度是价值判断与事实判断的有机统一,贯穿于文明发展的目的、过程和结果之中。它与不文明、不科学、不持续、不公平、非理性、野蛮发展(包含一部分人依靠剥削另一部分人的发展)相对立。只有当“以人为本”的“文明发展”,在发展目的、发展过程、发展结果中都能得到充分体现,才可以说一个地区、一个国家的发展是文明的,才能真正为该地区、该国家人民的幸福奠定基石。因此“文明发展”作为一种评价尺度,它强调发展目的、发展过程、发展结果“三位一体”的文明,它是对以“高增长”为最高目的和评价尺度的“增长主义”的解构。

第一,发展目的的文明。以全体人民和整个人类的福祉、人类命运共同体为本的发展,才是真正的发展。所以强调发展目的的文明就是必须以全体人民乃至人类命运共同体的构建为最终追求,而不是以牺牲部分人的发展为代价而获得另一部分人的发展为目的。第二,发展过程的文明。发展过程的文明,不仅仅是发展起点的文明,也不是发展的某一阶段、某一部分或方面的文明,它突出的是发展的“全过程”“全方位”的文明。第三,发展结果的文明。发展结果的文明主要体现在发展成果如何分享。发展成果不仅要在当代人之间进行分配,同时要在继承前人财富的基础上,在当代与后代人之间进行合理分配与享用。如果由于部分人的发展造成了另一部分人发展权益的丧失和发展阻碍,如果一味追求经济增长速度,轻视增长质量和效益,无视生态环境,采取竭泽而渔的发展方式,必然导致不文明发展,必然扭曲发展的价值取向,必然会产生发展不文明、不幸福的感受与评价。

当然，文明发展作为一种评价尺度，自然不能停留于对“增长主义”的理论解构，而是要努力通过构建“幸福指数”“文明发展指数”等新型评价体系，“集约式”地反映一个地区、一个城市“人民幸福为本的”文明发展的绩效，“集约式”地反映一个地区、一个城市坚定不移地走中国特色社会主义道路的绩效。

当前，世界上很多国家和地区对解构“增长主义”已经作了很多有益的探索。2010年，不丹国王率先提出了由政府善治、经济增长、文化发展和环境保护四级组成的“国民幸福总值”（GNH）指标。美国著名经济学家萨缪尔森提出了一个幸福方程式：效用/欲望=幸福指数。经济合作与发展组织于2011年5月24日在巴黎发布“幸福指数”的测试系统，该幸福指数涉及的11个因素依次为：收入、就业、住房、教育、环境、卫生、健康、社区生活、机构管理、安全、工作与家庭关系以及对生活条件的整体满意度。2012年，联合国发布了首份《全球幸福指数报告》。

在中国，有很多地方政府提出了幸福指数、文明指数、文明进步指数等评价指标并付诸实践，国家统计局等政府部门前些年也在致力于在前人研究和实践的基础上推出更加科学、完备的幸福指数、和谐指数、文明发展指数，中央电视台近年来每年发布中国幸福城市排行榜，这些也是对新时代中国特色社会主义本质的实践和深化，对新时代中国特色社会主义制度建设的探索。

为此，必须高度重视将以“人民幸福”为本的“文明发展”的各种指数，进一步转化为具有中国特色的制度安排。制度安排既包括由于文化、历史与传统而形成的文化习俗、价值观念、道德伦理等内在制度，又包括政治经济与社会体制、法律制度和社会政策等外显制度。所以，“文明发展”的各种指数既要通过宣传教育成为人们的价值取向、思想道德和行为习惯，更要重视如何使以“人民幸福”为本的“文明发展”的各种指数渗透到经济社会发展的体制机制中，转化为社会政策和法律制度，进而成为促进“两个文明”协调发展的中国特色社会主义制度安排。

三、新时代“文明发展”与“民生幸福”

制度是调节人与人、人与社会、人与自然之间关系的规则，是“文明发展”实践得以发生的内在机制。要使“文明发展”成为一个地区、一个国家为人民谋取幸福的自觉行动，就必须将“文明发展”的理念、价值取向及其评价尺度转化为规范“文明发展”道路的制度和制度安排。

（一）应高度重视将以“人民幸福”为本的“文明发展”转化为具有中国特色的发展观的制度安排

新制度经济学认为，发展中国家的问题主要是基本制度缺失、制度结构不合理或制度变迁中的路径依赖。一般来说，制度是内在制度和外显制度的统一，既包括由于文化、历史与传统而形成的文化习俗、价值观念、道德伦理等内在制度，又包括政治经济与社会体制、法律制度和社会政策等外显制度。所以，“文明发展”既要通过宣传教育，成为人们的价值取向、思想道德和行为习惯，更要重视如何使“文明发展”的理念、价值取向渗透到经济社会发展的体制机制中，转化为社会政策和法律制度。

文明发展的制度构建，往往要经过从思想到实践、由习俗到规则的反复博弈，正是在这种反复博弈过程中才形成了文明发展制度的生命力、适应力和调控力，进而转变为规范文明发展的实践。因此，重视文明发展的制度构建，就要重视内在制度与外显制度的统一，内在制度和外显制度良好的契合才是文明发展的制度基础。

（二）“文明发展”综合指数又是对文明发展制度安排绩效的评价

制度问题是带有根本性、全局性、稳定性和长期性的问题。制度安排是一个不断学习、不断实践、不断创新、不断修正的复杂的过程，制度的安排既要体现价值理性、科学理性和实践理性，又要体现工具理性。

从工具理性层面看，编制文明发展综合指数，通过文明发展指标体系的系统构建，将内在制度与外在制度统一起来，使以“人民幸福”为本的“文明发展”理念价值的取向，能通过“集约化”的指数来实现。如果说贯彻落实科学发展观是“共性”的要求，那么，不同地区、不同城市的文明发展综合指数则是一种反映时代需求、中国特色的实践科学发展观的有效制度安排。

近年来全国各地为实践科学发展观提供了很好的经验。国内各地区“幸福指数”是对实践科学发展观绩效的探索，然而“幸福指数”侧重于“发展”的取向、后果，难以体现“发展过程”，而以“文明发展”为前提的幸福观，则是对科学发展的目的、过程、结果的绩效评价：它不仅有文明发展的目标追求，而且能将目标要求落到基层，它既有“形而上”又有“形而下”的制度设计、制度安排，既有全面客观的反映实践科学发展的水平，又有实践科学发展的绩效考评。

（三）以“文明发展”为基础的人民幸福是对中国特色社会主义制度的新实践、新探索

中国特色社会主义进入新时代，中国特色社会主义理论的发展与完善，既要有全球的视野、宏观层面的探索，如回应国内外种种“左”或“右”的对中国特色社会主义的责难、修正，还要有微观的实践，从而奠定中国特色社会主义的基石。以“文明发展”为前提的谋取大多数人民幸福的幸福观，以文明发展（包括文明发展指数）的方式，“集约式”地反映一个地区、一个城市推进社会主义现代化建设水平、深化社会主义本质的认识，“集约式”地反映一个地区、一个城市坚定不移地走中国特色社会主义道路的绩效，反映对社会主义本质的实践和深化，对中国特色社会主义制度建设的探索。

第二章

杨浦百年文明发展史

杨浦成陆于唐末宋初，今虬江以南，隶华亭县。元至元二十八年（1291）朝廷批准设上海县，下辖五乡，区境为上海县高昌乡。今虬江以北，先后隶属昆山县和嘉定县。清雍正二年（1724），从嘉定县析置宝山县，区境北部属宝山县殷行乡和江湾乡一部分。民国元年（1912）虬江以北属宝山县殷行乡。虬江以南，租界线以北属上海县引翔乡。1927 年上海特别市成立，引翔、江湾、殷行 3 乡划归上海特别市。次年 7 月，改为引翔、江湾、殷行 3 个区。1945 年抗战胜利后，分属新市街区和江湾区。1952 年。新市、江湾两区合并为江湾区。1956 年，隶北郊区。1958 年，撤销北郊区，该地区从 1956—1984 年先后划入杨浦区。浦东地区，清宣统二年（1910）实行部章城镇乡自治，始称东泾镇，属上海县。民国元年，实行省章乡自治称洋泾市。1928 年 7 月改称洋泾区。上川路以东属高桥区，以西属洋泾区。1952 年，分属高桥、东昌两区。1956 年并入东郊区。1958 年撤东郊、东昌区，成立浦东县。1960 年撤浦东县，浦东大道以北的沿江地带划归杨浦区，建立沪东街道办事处。1984 年划入川沙县东沟以西、获柴浜以北、上川路以东地区，划出海防新村，成立歇浦路街道办事处。

百年大学文明、百年工业文明和百年市政文明是杨浦深厚的文化积淀，是重要的人文资源，是促进杨浦城区发展、打造杨浦知识创新区的宝贵财富。杨浦“三个百年”以及永不磨灭的红色印痕，是杨浦深厚的文化积淀，是重要的人文资源，也是促进杨浦城区发展、打造知识创新区的宝贵财富。2010 年 1 月 10 日，国家科技部授予杨浦国家创新型试点城区，这是国家战略、上海荣誉、杨浦责任。这既是对杨浦转型发展实践的肯定，更是赋予杨浦新的使命、新的责任和新的机遇。

一、 杨浦百年工业文明

杨浦，独特的地理环境造就了独特的民风民俗，这块中国民族工业的发祥地，它的兴起和发展史，其实就是一部中国民族工业的百年辉煌历史，也是一部先进生产力的发展史。19 世纪末至 20 世纪初，上海杨浦地区工业崛起，工厂林立，产业工人集中，“工业杨浦”名传中外，开创了百年辉煌。

（一） 中国民族工业的摇篮

在晚清时期的上海华界、公共租界、法租界地方行政区划地图上，杨树浦一带正处公共租界东端与上海县的交界地，濒临黄浦江下游航道，扼租界水路交通咽喉。它的西邻是公共租界的虹口地区，沿黄浦江北岸是外商码头、仓库区。清光绪八年（1882）集资 15 万两，经李鸿章批准，官督商办的上海机器造纸业投产，成为中国第一家造纸企业。1890 年经李鸿章批准集资 50 万银两，官商合办的上海机器织布局投产，建立了中国最早的第一家机器棉纺织厂。以后国民党政府和民族实业家又相继建造了一些工厂，及至 20 世纪 30 年代，出现了第一次工业大发展的高潮。

至 1927 年，民族工业已发展到 301 家，其中轻纺工业已具相当规模，纺绽数占全市的 45.4%。1949 年，杨浦区有企业近千家，职工近 10 万人，工业总产值 7.2 亿元，占全国的 5%、占全市的 20%左右，是上海乃至全国的最大的老工业区。这里相继出现了中国的第一座发电厂、第一座煤气厂、第一座自来水厂，其规模在当时均号称远东第一；还有中国最早的第一家棉纺织厂、中国第一家机器造纸厂，还有诸如上海机床厂、上海柴油机厂、上海电站辅机厂、上海电缆厂等知名大中型企业100余家。煤气、自来水、电气等公司的创建,大大推进了上海近代工业的兴起和发展,奠定了上海经济中心城市的地位。

(二) 帝国主义列强工业在杨浦的集聚

自上海开埠以来,帝国主义把杨浦作为殖民工业地,中外资本纷纷在纺织、电力、机器、造船等领域投资。一些国外的先进技术及管理经验引入外资企业中,大机器生产方式逐渐取代了原来的手工生产方式,这是人类生产领域的一次革命,生产效率大为提高,同样的时间里创造出了更多的财富。这对中国的民族工业产生了辐射效应,他们纷纷效仿,将外国的生产和管理技术自觉地应用于企业,推动了杨树浦工业区生产水平的提高。

19世纪末,资本主义发达国家从商品输入向资本输出经营方式转变,在国外直接建工厂和生产基地,利用当地廉价劳动力和原料市场,以降低运输和生产成本。精明的外商企业将投资目光投向杨浦,是由于杨浦区一带濒临黄浦江,近代航运、用水条件都十分优越,同时地处租界中心与吴淞口之间,黄浦江边大批滩地价格低廉,一般不必征用农田和拆迁民房,只需象征性的缴付场地费。自1883年6月29日英商在杨树浦建成中国第一家最大的自来水厂起,英、美、日等国相继在此办厂。1913年4月12日,一座现代化的火力发电厂建造在杨树浦,又称杨树浦发电厂。以后又在这里建造了中国第一座煤气厂,其规模在当时号称远东第一。

1894年,在杨树浦路的裕晋、大纯纱厂被英商收买。1902年,大纯纱厂又被日商收买,并又建了同兴、大康纱厂和三井木行。1895年起,美商旗昌轮船公司、英商怡和蛋厂、日商明华炼糖厂、德商德孚洋行等先后在杨树浦路沿江落户。1919年,大英烟草公司通过英美烟公司在杨浦区平凉路建厂,生产的"哈德门"成为20世纪二三十年代家喻户晓的著名香烟品牌,占上海全部烟产量的60%左右。1923年始,英、美等国企业又在杨树浦建联合利华肥皂厂、煤气厂、慎昌洋行、美国德士古石油公司等。

截至 1937 年,杨浦区境内有各类工厂 300 多家,成为中国最大的工业区。1940 年,上海沦陷,日商小岛和三郎在唐山路底开设了昌和制作所,成为中国第一家自行车生产厂。

(三) 新中国民族工业的骄傲

1. 新中国成立后大型国有企业在杨浦的集聚

杨浦是上海也是中国近代工业的先行区,是硕果仅存的保持最好的老工业区。新中国成立后,国家进行了大规模的社会主义改造和社会主义建设,工业基地功能进一步强化,逐步建成了机电、冶金、机床、柴油机、电缆、建筑机械、矿山机械、电站锅炉、拖拉机、电子仪表、造船、化工、仪表、轻工、纺织、建材、手表等现代制造业,集中了约 100 余家大中型国有制造业企业和军工企业。其中的机械、纺织、轻工曾长期处于国内领先水平。

截止到 20 世纪 80 年代末,杨浦有各类工厂 1 200 余家,职工 60 万人,工业总产值占全市七分之一。工厂包括机电、冶金、造船、化工、仪表、轻工、纺织、建材等行业,其中杨树浦发电厂、上海柴油机厂、上海机床厂、上海电焊机厂、上海冶炼厂、上海电缆厂、杨浦煤气厂、亚明灯泡厂、第十七毛纺厂、上海制皂厂、杨树浦水厂、正广和汽水厂,都是同类中的翘楚。

2. 杨浦工业对上海和国家的贡献

据不完全统计,在 1978 年改革开放前,杨浦区工业总产值占上海的 26.5%。当时,杨浦工业每年所创造的利税要占到全市的六分之一,换句话说,每年杨浦工业上缴中央的税收占到全国的三十六分之一,对国家的贡献十分巨大,号称“工业大杨浦”。

改革开放给杨浦区域内的工业企业带来了生机和活力,通过 20 世纪 90 年代的调整工业布局,优化产业内部结构,开发科技含量高、附加值高的产品,从而形成自己的支柱产业和拳头产品。至 1990 年,工业总产值已达到8.86亿元，在上海各区县中位居第一位；其中出口产值6亿余元，占上海市地区工业总出口产值的43.1%。每年所创造的利税要占到全市的六分之一。

由于制造业的发达，杨浦区也培育出中国制造业的名牌，如全国驰名的轻工产品上海牌手表、永久和凤凰牌自行车、中华牌香烟等。如上海牌手表，到改革开放前已累计生产1.2亿块手表，占全国生产总量的四分之一，累计缴税52亿元，为国家经济建设和上缴国家税收作出了巨大贡献。也正是由于杨浦深厚的工业基础，才有了黄浦江苏州河两岸的仓库堆栈，才有了南京路的繁华，最终形成了租借中心区。这不仅体现了杨浦滨江工业带的历史地位，也是杨浦区域的资源禀赋。

3. 加快杨浦工业的转型和发展

由于历史条件的局限性，近代杨浦工业的发展也存在不足之处。首先，工业增长的利润，并未随工业投入的增加而呈相应比例的增加；其次，相当一部分制造业企业历史悠久，生产技术设备老旧、落后；加之，环境污染的矛盾也比较突出。归结起来，主要问题是工业用地存在数量过多、产业导向不清晰、企业与民居混杂、投入产出率偏低、环境污染较重等，杨浦区工业结构存在问题，已不能适应市场经济的发展需要。

随着上海城市功能战略性调整，工业体系出现重大结构性变化，杨浦区从辉煌跌入低谷。到20世纪80年代，杨浦区大量企业开始关停并转，下岗职工集聚，1978年区属工业总产值只有6 200万元，曾经辉煌的杨浦制造业因原有的增长模式难以为继，工业企业锐减至200家、产业工人减到6万，每年失业工人都在万名以上。到2002年底，杨浦无就业、无稳定收入人员17万，占全区劳动人口的四分之一，各类社会救助对象5.7万人，居中心城区第一。与20世纪90年代迅速发展的浦东新区相比，杨浦变成了产业结构老化、社会负担沉重的老城区，杨浦感受到前所未有的压力和挑战。

4. “新旧融合”为创新升温

面对百年工业留下的老厂房、旧城区，需要的是以“更新”为主线调整城市形态，盘活传统遗存，让老树长出新枝。杨浦区委、区政府提出科技创新与城市更新相结合的创新发展理念，促进"新旧融合"，将废弃老厂房改造成全新的"创新创业"街区。

针对老工业基地转型后遗存的大量老厂房资源，区委、区政府调整工业布局，优化产业内部结构，提出了科技创新与城市更新相结合的创新发展理念，进行产业转型和升级，通过盘整土地资源，保护老厂房历史风貌，促进新旧融合，集中打造了"长阳创谷""互联宝地""上海国际时尚中心"等一批"老工业转型+新经济集聚"的老厂房改造项目，形成了独特的创新创业生态体系，以加快都市型产业园区向专业化、集约化转变，推进创意园区建设。

杨浦区创新驱动转型发展成效显著，区级财政收入从 2002 年的 16 亿元增长到 2018 年的 126.71 亿元，年增幅一直位于上海市中心城区的前列；看产业结构，2019 年上半年，第三产业增加值占全区生产总值的比重超过 85%；看创新后劲，杨浦区科技型中小企业已达 7 600 余家，有 20 家科技园区、91 家各具特色的众创空间，众创空间初创企业成活率达到 31.4%。

5. 坚持创新，实现凤凰涅槃

杨浦区始终坚持"三区联动、三城融合"发展理念，历经努力，终于实现了从"工业锈带"迈向"创新智城"的转型发展。重点推动了创智天地、国定东路、长阳路、环上海理工大学 4 大创业创新街区建设。如今，杨浦区已经成为科技型中小企业的集聚地，一批"互联网+"和"四新经济"企业呈现出爆发式增长态势。阿里体育、麦奇教育、流利说、爱回收、商米科技等企业已成长为行业领导者和细分行业的"隐形冠军"。

杨浦区从 2003 年被上海市确立为知识创新区，到 2010 年被科技部命名为首批国家创新型试点城区，再到 2015 年被确定为上海科创中心重要承载区、2016 年被列入国家双创示范基地和国家创新型城区。目前，杨浦正在开展建设中国近代工业博物馆的研究，计划沿着黄浦江把杨浦段的历史文物串成“珍珠”，形成博物馆群落，保护和传承好杨浦百年工业文明。

二、 杨浦百年高校文明

近代以来，在杨浦这片热土上，诞生了留给许多人以深刻印象并至今仍在发挥巨大影响的高等学校，丰厚的历史遗产和教育资源，不仅是创建知识杨浦的文化基础和“科教兴区”主战略的坚实基础，更是杨浦构建知识创新区的动力之源。

（一） 杨浦区是近代上海高校的首选之地

地处上海东北区域的杨浦一带，是近代上海民族工业的发源地，机器轰鸣的厂房是20世纪初杨浦给人的印象。同时，杨浦一带也是近代上海高等学校的孕育之所，是近代上海教育界、知识界构建大学校园的首选之地。

20世纪初，在上海市区东北的黄浦江左岸，沪江大学渐现雏形，创办于1906年的沪江书院，最初是在四川北路设立道学院开办授课。在学校第一幢建筑思晏堂建成后，陆续建成了40余幢西式洋房，上海城市的文化形象由此得到了最初的美好展现。在这里建校，可以方便地向外界展示大学校园的魅力，因为黄浦江畔每一艘开往上海的轮船都必然在这所大学的视线内经过。创办于1905年的复旦公学，在辛亥革命后校址几经变迁，最后还是将目光锁定在江湾。当时江湾地价便宜，并且有美丽的田园风光，宁静安谧，是潜心研读的绝佳之地，并且地属华界，是中国人自己的地盘。

1912年，国民政府教育部长蔡元培主持制定了“壬子学制”，规定了大、中、小三段式教育体系，完善了我国近代学校教育系统。为适应上海经济发展的要求，上海各界人士创办高等教育的热情空前高涨，高等学校数量成倍增长。据不完全统计，除交通、圣约翰、复旦、沪江等高校外，在20世纪前三十年间，新创办的各类高等学校达90余所。到了1933年，上海已有高等学校 29 所,占当时全国 108 所高校总数近三分之一,远超北平、南京、广州,遥居榜首。

(二) 新中国成立前,杨浦是“上海学府的中央区”

上海的近代教育发端于开埠之际,1850 年创办的徐汇中学是上海最早的新式学校,随着西方科学知识和教育方式的渐浸渐染,上海的新式学校数量日益增多,层次日渐分明,1876 年创办的圣约翰书院,由最初的中等学校发展为大学。到 20 世纪初,上海已有各类大中学校 100 余所,其中著名的大学有教会创办的圣约翰大学、沪江大学、震旦大学、东吴大学法学院,以及国人自办的交通大学、复旦大学、同济大学、中国公学等高等学校。地处上海东北区域的杨浦区,也是近代上海高等学校的孕育之所。

1927 年,上海市政府将江湾地区作为大上海计划的市中心区域,进一步推动了上海高校选址沪东。随着上海市府新厦、市立图书馆、市立博物馆等政治、文化中心先后竣工落成,市中心的道路桥梁逐渐贯通,一批高等学校也相继落脚于此,如 1931 年建成的国立上海商学院,1935 年建成的上海音乐专科学校、上海体育专科学校等。上海高等学校开始逐渐向沪东华界地区转移和聚焦。至 1937 年抗战爆发前,沪东地区的高等学校已有 12 所,占当时全市高校总数的近二分之一。

(三) 新中国成立后,杨浦高校占据上海“半壁江山”

新中国成立初期,上海共有高等学校 44 所。在 1952 年的全国院系调整中,通过保留旧校、建立新校及合并、外迁、停办等方式,上海的高等学校被调整为 15 所。杨浦区基本上保留了原来的高等学校格局,除原有的复旦大学、同济大学、上海财经大学、上海外国语大学、上海体育大学、中国人民解放军第二军医大学、解放军空军政治学院外,为培养新中国的各类专业建设人才,又相继创办了一批应用型专科高等学校,如在沪江大学原址上创办了上海机械学院、上海电力大学、上海建筑材料工学院、上海出版印刷高等专科学校、上海轻工业高等专科学校、上海医疗器械高等专科学校、上海城市建设学院、上海金融高等专科学校等。

除此之外,还鼓励社会力量办学,目前向社会开放的成人高等学校有上海开放大学、杨浦区业余大学等,也有列入国家计划招生范围的优秀民办学校上海济光职业技术学院、上海东方文化职业学院等。至 20 世纪 90 年代,落户杨浦的全日制高等教育学校已有 15 所,如此之多的高校聚集在杨浦是其他各区无法比拟的。

(四) 奠定“工业杨浦”向“知识杨浦”的转型方向

步入 21 世纪,在全面实施“科教兴市”战略的关键时刻,上海市委、市政府作出了建设杨浦知识创新区的重大战略决策。2003 年 4 月 15 日,上海市主要领导主持召开建设杨浦知识创新区专题会议,指出构建杨浦知识创新区是市委市政府重大决策,奠定了“工业杨浦”向“知识杨浦”的转型方向。

杨浦区委、区政府参照美国加州硅谷、巴黎左岸等城市转型发展经验,充分利用高校资源,编制了“三区融合、联动发展”的转型发展计划,让集聚的“知识”迸发出“创新”动力,引领杨浦冲出重围走向智城。“三区融合、联动发展”是杨浦知识创新区建设的核心理念,并成为引领杨浦知识创新区建设的旗帜。所谓“三区联动”,是指大学校区、科技园区和公共社区“三区融合、联动发展”。在“三区联动”的格局中,大学校区、科技园区和公共社区分别承担不同的功能:大学校区主要进行科研创新和人才培养,是区域创新发展的原动力;科技园区主要承担科技孵化、技术创新的职能,是产学研结合以及大学师生、科研人员创新创业的重要场所,是区域创新发展中的重要环节;公共社区主要是为大学校区和科技园区提供公共服务,创造一个适宜居住、交流、休闲的生态、社会环境。

“三区联动”就是把大学校区的人才培育与知识创新，科技园区的科技孵化与技术创新，公共社区的公共服务与社区环境建设系统有机地统一起来，构造以知识为桥梁，价值创造为纽带，资源集聚共享为特征，校区、园区和社区紧密结合、共同发展的区域创新系统下的城区发展新模式。

（五） 积极打造“国家科技创新城区”

大学校区是知识创新的源头。据不完全统计，杨浦区有近 4 000 家中小科技企业在大学周边集群发展，其中有 80%具有高校背景。对创业者而言，高校、科研院所是杨浦的核心资源。杨浦拥有 10 所高校，包括复旦、同济、上海财经大学等，近 20 万大学生、1 万名教授。目前，在校本科生、硕士生分别占全市 20%、30%左右，“两院”院士 62 名，占全市 33.5%。国家和上海市重点实验室有 33 个，占全市五分之一。集聚中央“千人计划”160 人，占全市 20.8%；海外高层次人才 282 人。大学生科技创业占上海二分之一，由大学师生为创业主体的中小科技企业近 3 900 家。

2010 年 1 月，国家科技部正式授予杨浦为国家创新型试点城区，面对百年高校，杨浦区以“舍得”为主线调整城市形态，保障了高校的扩展空间，形成了百年高校智力优势的溢出效应。杨浦由此提出《杨浦国家创新型试点城区发展规划纲要》，按照“三区融合、联动发展”的核心理念，进一步调整和优化城区空间布局。

“两片、一线、一带”的空间布局概念正式提出要追溯到 2003 年。2003 年，杨浦提出了“知识创新区”的建设目标。2004 年，市政府常务会议审议通过《杨浦知识创新区发展规划纲要》，“两片、一线、一带”空间规划概念也蕴藏在这一规划纲要之中。杨浦开始由传统工业杨浦向知识创新杨浦转型，并进一步优化城区空间结构，重塑大学校区、科技园区和杨浦城区的关系，明确城区空间布局为“两片、一线、一带”。其中，西片以创智天地为核心，以复旦、同济、财大、二军大（现海军军医大学）等高校为支撑；东片以上海理工、上海水产大学（现上海海洋大学）、电力学院等高校为支撑。“一线”就是规划在创智天地与复兴岛地区之间建设的创业走廊。“一带”是指滨江发展带，规划为以亲水游览、工业博览、科技商务、知识社区为主要内容的现代服务业功能带。

三、 杨浦百年城市文明

20 世纪 30 年代《大上海计划》的颁布，杨浦从田野之地走到了中国现代化的前排，这也是杨浦百年城市文明的肇始。改革开放 40 年来，杨浦因时而变，组织编制多次规划，使杨浦空间布局在延续历史文脉基础上，更加适应不同阶段经济社会转型发展的需要。

（一） 民国时期“大上海”的城市规划

孙中山先生在《建国方略》的“实业计划”中，设想将上海建成东方大港，同时提出改造上海商港的方针。这个 20 世纪 30 年代的“大上海计划”是上海历史上第一次全面的、大规模的、综合性的城市发展总体规划和城市建设蓝图，实现了以五角场为新华界中心的近 60 条放射干道网的现代城市风格，区域内仍保存着旧上海市政府新厦、市博物馆、市体育场、市图书馆等一批历经百年沧桑、风采依旧的优秀历史建筑群，曾被誉为远东最宏伟的现代大都市规划。

1. 编制和实施《建设上海市中心区域计划书》

1927 年 7 月，上海被国民政府确定为“特别市”。1929 年 7 月，上海特别市政府按照孙中山先生要将上海建成“东方大港”，为了与列强的租界相抗衡，连接闸北、南市等华界，制订了“大上海计划”。1929 年 8 月，上海市政府按照“特别市”要求，规划并公布了《建设上海市中心区域计划书》。选址在今五角场地区的翔殷路以北、闸殷路以南、淞沪路以东、黄浦江以西的土地约 7 000 亩作为市中心区，规划设有行政区、商业区、住宅区，以及相应的交通设施，包括铁路、港口、道路等。

计划书共分三个部分：一是水陆交通计划，对市中心的铁路、港口及客货运等提出远景设想；二是道路计划，提出了修建接通铁路、港口的干道和建设区内为主的道路网的计划；三是分区计划，将市中心区划分为政治区、商业区和住宅区。政治区位于市中心区的中央，建造市政府大楼、市图书馆、市博物馆、市体育场、市医院等大型公共设施。市中心区域计划是建设新上海的核心计划，之后市政府还公布《黄浦江虬江码头计划》，是指在虬江口一带建商港区、商业区和住宅区。按照《上海规划分三期工程开辟以新港区上海市分区计划》，将整修筑道 20 余条，总长度约 500 公里，以贯穿市区内的交通。这些专题性和城市的总体计划，构成了整个“大上海计划”。

从 1930 年起，“大上海计划”进入了大规模的开发建设阶段。一批市级公共设施拔地而起，道路网格已见雏形，轻便铁路贯通东西，虬江码头一期竣工。尤其是建造的市政府大楼宏伟富丽，市博物馆、市图书馆呈双子星状陈列，市体育场在东亚首屈一指。当时“大上海计划”中的部分建筑，被认为是当时“中国城市最有价值的一部分”。

纵观这些计划，在具体的内容上，确有许多可取之处：第一，“大上海计划”决定开辟新市区，这对扩大城市规模，疏散人口、推进上海的现代化进程具有重要的意义；第二，它将加强港口建设与城市发展紧密结合起来，抓住了上海城市的发展重点；第三，对城市功能布局，交通、道路的设计，都有很大的合理性；第四，有关开发浦东解决黄浦江过江交通的认识，有一定的前瞻性。一批市级的公共建筑拔地而起，体育场馆在远东地区都无与伦比。新市中心区的破土而出以及显现出的崭新形象，从华界这一面为 20 世纪 30 年代上海之腾升扩展为一个举世闻名的“大上海”奠定了基础，作出了重大的贡献。

2. 抗战期间“大上海计划”险遭战火焚毁

可惜的是，“大上海计划”的实施行不逢时。1932 年“一·二八”事变，江湾地区被日军占领，所有城市建设都相继停顿。1937 年 8 月，日军大规模进攻上海，江湾地区成为中日军队交战区。上海沦陷后，“大上海计划”夭折，日军还野蛮地轰炸整个上海华埠区，闸北再次被炸成断壁残垣，南市几乎被夷为平地。地处江湾的新市区是上海市区的北门户，正对着黄浦江与吴淞口，恰好是中日军队交战的第一线。日军从刚完工不久的虬江码头第一期登陆，“大上海计划”的道路系统为日军提供了极大的便利，日军沿着翔殷路一路进犯，不久便攻占了新市区全境，市政府办公大楼和自然村大多毁于战乱。

日军侵占原市政府办公楼后，在四平路、黄兴路一带建造 150 多幢小洋房，另修筑了 10 多条道路。1938 年 10 月 16 日，日本操纵下的伪上海特别市政府在江湾的市政府新厦举行成立典礼，不久上海市立体育场也沦为日军的军火库。日军在昔日美丽的草坪上修建兵器修械厂，开挖河渠、修筑电网、垒起碉堡。翌年，日军将战火引向 400 年历史的殷行古镇，原 1 华里长的街市及周边 68 个村庄、6 000 间民宅，悉数焚于一炬；日军还铲平了市立公墓，建造起远东最大的江湾军用机场和从机场直达吴淞炮台湾的铁路，利用新建的虬江码头作为物资储运码头，将从中国各地掠夺来的资源通过海路运回日本。民国三十年（1941），日军发动太平洋战争，日军军事机构和伪市政府迁往租界后，原市政府新厦成为日本六十七师的司令部，日本陆军一四六师驻五角场及其附近地区。

侵华日军占领上海不久，为实现“大东亚共荣圈”的美梦，对“上海大都市计划”进行扩容和付诸实施。1938 年初，日本政府通过陆军部木土局罗致建设人才。同年 3 月，日本考察队前来上海考察，9 月制定出“上海大都市扩容计划”和“实施方案”。由陆军特务部部长原田少将等为日方代表与汉奸政府“协商”，制定“上海大都市建设计划章程”，以“中日合作”的名义，筹建公司负责具体实施，对受损的市政府新厦等建筑设施，加以修缮维护。9 月 2 日，由日、伪双方各出 5 人成立委员会。“大都市计划”的重点是五角场地区，计划将这一地区建成移民 56 万、建筑面积 2 240 万平方米的新殖民区，并与其虹口、杨浦的控制区连成一片，以便限制美、英、法的租界势力，有效地控制整个上海。

原“新市政府中心区”的所有路名也被日伪悉数更改，如以“中、日、协、同、建、立、新、东、亚”9 字取代“中、华、民、国、上、海、市、政、府”作为路名的首字，出现了中原路、日旭路、协睦路、同化路、建同路、立新路、新民路、东和路、亚民路等路名，其霸我领土之野心昭然若揭。倘若该计划得逞，日本在沪人数将占整个上海市区人口五分之一。届时江湾将沦为日本的“国外之县”。在计划中，政肃路为空军宿舍，大八寺驻扎骑兵部队，东体育会路为特种部队驻地。建造于翔殷路、黄兴路转角处的扇形办公大楼与四平路、邯郸路交会口的华中派遣军司令部大楼遥相呼应，成为侵华日军对华中和上海军事、经济侵略的最高机关。

日本受困于财力、物力，《建设上海大都市计划》中的五角场地区工程停止，而在其美路、五权路修筑备用跑道及临时机库。1945 年意、德法西斯先后战败，战线东移，美国空军连续出动，轰炸江湾日海军机场，直至 1945 年，日本被迫投降。

3. 抗战胜利后，“大上海计划”再次编制

1945 年抗战胜利后，租界收回，国民政府接管上海。其时，上海城市有近 400 万人口，为全国之最，综合排名在世界上是第五或第六，城市面积是北京、天津的 2 倍多，经济地位更是无法挑战，当时全中国进出口贸易和现代工业的一半都在上海。

长时间的战争动荡严重影响了城市的建设发展，大量人口涌入上海，城市规模不断扩大，城市发展积累的许多矛盾更趋尖锐化。同时，由于租界用地分割以及长期缺乏统筹规划，城市建设面临着严峻压力。当时，自主的发展前景，唤起了国民政府和技术精英对上海都市计划的热望。如何正确应对上海未来发展对于城市空间扩张的需求，合理布局城市空间，是迫切需要解决的问题。

1949 年 6 月 6 日,《上海市都市计划(总图三稿初期草案说明)》编制完成。这是一份特殊的上海城市规划方案,参与者既有建筑师、工程师,也有工商、金融、政法、教育、卫生等各行各业的专业人士。这份被称为“大上海都市计划”的规划方案肇始于 1945 年。抗战胜利,帝国主义列强租界收回,中国人第一次有机会对完整的上海行政区域进行城市总体规划编制。1946 年 12 月,初稿编印,1948 年 2 月,二稿编印。然而随着局势变化,“大上海都市计划”三稿的编制遭遇到越来越多的挑战。1949 年,国民党大势已去,有人建议停止项目。出于对上海城市发展负责,经都市计划委员会负责人、执行秘书赵祖康坚持,在鲍立克、程世抚、钟耀华、金经昌等中外专家协同努力下,1949 年 5 月,计划三稿基本完成。其间曾有淞沪警备司令部派人索要计划三稿带去台湾,可谓险象环生。

4. 陈毅市长批准的第一份中国城市规划方案

1949 年 5 月底,作为上海代理市长的赵祖康在将政权移交给上海新任市长陈毅的同时,也把这份即将完成的上海城市规划方案面呈陈毅。征得陈毅同意,6 月 6 日,《上海市都市计划(总图三稿初期草案说明)》编制完成,1950 年 7 月,经陈毅市长批准计划三稿刊印出版。

“大上海都市计划”是“二战”后中国大城市编制的首部现代城市总体规划,其受到当时“大伦敦规划”的影响,对上海未来 50 年的产业布局、路网建设、居住区分布、文教卫生设施配套等都作了系统、完整的规划。诸如孩童上学之路程需控制在步行 15 分钟以内,且无须穿越交通要道规避风险;新建多层公寓须配建停车库;设立公交专用车道,提高通勤效率;轻工业发展服装时尚产业,重工业侧重汽车、飞机制造等无须靠近原料产区的产业;港口与铁路协同建设,水陆联运提高运输效率;结合罗店、大场等处抗战遗迹,建立郊野休闲公园等计划、建议,道路分类分级布局等理念以及确立卫星城的建设思路对上海以后的历次编制城市总体规划产生深远影响,其中有些要素在国务院批准的《上海2035城市总体规划》中依旧得到了体现。

由于种种原因，大上海都市计划没有完全付诸实施。但它将现代城市规划所承载的思想、理念和科学原则借鉴引入了中国，其中所闪耀着的理性主义光辉引人瞩目。先辈们用他们的理想、智慧与奉献托起了上海这座城市的抱负，欣慰的是：在2010年，由上海市城市规划设计研究院历时4年出版了《大上海都市计划》，终于让这份珍贵的记忆永不褪色。

重新建设组织编制《大上海都市计划》，是上海结束百年租界历史后、首次编制的上海市完整的城市总体规划，也是第二次大战后中国大城市编制的第一部现代城市总体规划。

（二） 共和国最早的城市"两万户"住宅

新中国成立初期，上海的城市建设主要是恢复和发展生产，开辟近郊工业区，为劳动人民建造住宅。1958年，国务院批准将嘉定、上海、松江等十个县划归上海市。1959年，上海市人民委员会邀请当时的建筑工程部规划工作组来沪编制完成了《关于上海城市总体规划的初步意见》。规划以"使上海在生产、文化、科学、艺术等方面建设成为世界上最先进美丽的城市之一"为目标，提出结合旧市区工业的改组与调整，逐步在外围建设卫星城镇，彻底消灭棚户，改建旧住宅与建设新住宅，大量增加绿化与公共建筑。

1. 做好规划和施工

1952年4月，根据华东军政委员会的指示，上海成立了市工人住宅建筑委员会，该委员会设立后的首要任务就是规划建设两万户工人住宅。当年5月，华东军政委员会和上海市政府决定建造一批人口建筑密度较低的"两万户"类型住宅，成为新中国成立后第一批兴建的工人住宅，主要集中在沪东、沪西的工业区边缘，包括杨浦区的长白、控江、凤城、鞍山，普陀区的甘泉，徐汇区的日晖新村等。"两万户"的占地面积达4 000余亩，几乎与那时的黄浦、老闸北两区面积相当,可容纳近 10 万居民。住宅区铺筑的道路总长约 145 公里,差不多等于上海到无锡的直线距离。工程所需的 50 多万吨建材不仅取自华东各地,还远赴中南地区采购。如此浩大的工程,在上海历史上称之为"前无古人"毫不为过。

1952 年 9 月,中国人民解放军建筑五师、六师 2 万多官兵集体转业后,在上海集结,从昔日的遍地野草、水洼的荒地上先后筑造工人住宅。"两万户"为砖木结构,一般上下两层各 5 间房,上下各有一个公共厨房和公共厕所;分配对象偏向于居住条件极差的工人家庭。主要集中在长白、控江、凤城和鞍山新村,共一万套,占了上海两万户住宅的"半壁江山",由此成为"工人住宅"的代名词。生活配套设施相当完备,9 个住宅基地都配建了中小学、菜场、文化宫等公共设施。每个住宅基地内,每五六千户就划分成一个"村","村"里设有卫生所、托儿所、合作社、银行办事处、邮亭等。足不出"村",就可以满足基本的生活需求。

2. "两万户"的历史意义和历史价值

"两万户"虽不奢华,但它却是社会主义制度优越性的集中体现。它给上海工人阶级带来从未体验过的幸福感。或许这种幸福感更多是在于精神,而非物质层面,可这正是那个物质匮乏、生活条件艰苦的年代所需要的。从简陋的棚屋茅舍到青砖粉墙的楼房,由于"两万户"是按照"坚固、合用、经济、迅速"的原则建造的,在当年户均人口较少的情况下,厨卫合用,布局合理。曾几何时,"两万户"所在的地方也是大众文化的聚集地。

"两万户"与现有的住宅标准相比差距甚远,但与当时的简屋棚房相比,居住条件大为改善。当时并非大多数工人都有资格住进"两万户",能入住的大多是劳动模范、先进工作者,还有就是住房困难户。由于三年困难时期和"文化大革命"的严重干扰,上述城市总体规划难以全面实施,但是逐步改造旧市区,严格控制近郊工业区,有计划地发展卫星城这一上海城市建设方针还是得到了贯彻。

3.“两万户”功成身退

建于20世纪50年代的“两万户”正逐渐从上海消失，在拆除当地的原有“两万户”后，又重新建起了多层和高层建筑。进入新世纪，为留住城市的记忆，为还原“两万户”曾是上辈人和这座城市的骄傲，2015年，228街坊被列为上海市城市更新试点项目，杨浦区将228街坊的12栋“两万户”保留并列为更新试点，在不影响整体风貌条件下允许对保留建筑进行适当改扩建。

在对“两万户”的改造中，一是注重功能公共性与复合性。充分利用“两万户”的建筑空间特色，以及衔接、联动周边大学等教育科研资源，强调引入商业、办公、文化等复合功能，并与社区服务紧密结合，打造杨浦区开放式的特色街坊。二是街坊的更新强调了公共导向，并将公共文化、服务等功能植入富有特色的空间中，建设配套公共服务设施，满足周边居民的实际需求。从“补短板”出发，明确了街坊自身及周边地区急需补充的相关配套设施的类型和规模，对公共服务配套设施及停车位不足的问题进行了积极的应对，因地制宜地配置了净菜超市、室内健身点、儿童游乐场等公共服务配套设施，以提升地区的整体服务水平。三是保护历史风貌与空间特色。结合历史资料研究与多次专家咨询，“两万户”工人新村的空间特色得以提炼与落实，保持了20世纪50年代工人新村的特色。

（三） 杨浦现代都市建设

改革开放以来，从1987年的《杨浦区总体规划》、1999年的《杨浦区城区总体规划（2000—2020）》到2004年的《杨浦知识创新区发展规划纲要》，再到2016年的《杨浦区2035战略规划》，杨浦区编制了若干重大发展规划，并在2011年对杨浦总体规划的实施情况进行了梳理。这些规划，为杨浦从“工业杨浦”向“知识杨浦”转型提供了计划，为杨浦从“知识杨浦”向“创新杨浦”发展指明了方向。可以说，规划似犁，耕作了杨浦这片沃土。

1. 改革开放后的杨浦总体规划

改革开放后，杨浦做的第一个总体规划是1987年的《杨浦总体规划》。该规划遵照国务院对上海市总体规划的批复要求，结合区情编制而成。根据"有利生产，方便生活，集中成片"的原则，规划结构层次与行政结构层次相对应，以城市干道及河道为界，调整街道间的划分。1999年，为推进城区经济和社会发展目标的实现，合理利用城区土地，促进各项建设可持续发展，区委、区政府基于对杨浦区社会经济发展情况的分析，并以《上海市城市总体规划（1999—2020）》为指导，制定了《杨浦区城区总体规划（2000—2020）》，提出将杨浦建设成为以教育和高新技术转化为主导特色、居住功能为基础的布局合理、交通网络完善、经济结构优化、服务功能完善、环境优美的现代化新型城区。

2004年，根据上海市总体城市规划编制要求，上海市编制了《上海市中心城分区规划》，并于2005年经上海市政府批复。杨浦行政区范围内，以内环线为界，划分为中央分区杨浦次分区和北分区杨浦次分区两部分。中央分区杨浦次分区总用地面积11.07平方公里，规划主导功能为现代服务业、滨江休闲博览、教育科技和居住。北分区杨浦次分区总用地面积50.12平方公里，规划主导功能为教育科技、现代服务业、都市型工业和居住。

2. "五大功能区"已见雏形

2011年，杨浦区政府与市规划院合作，对杨浦总规即《上海市中心城分区规划》——杨浦中次分区、杨浦北次分区的实施情况进行梳理，城区发展在空间上呈现由南向北发展和五角场城市副中心向周边拓展、成熟的趋势，规划五个重点地区基本定型。

"五个重点地区"具体包括以下五个部分。新江湾城功能区：定位为"国际化、智能化、生态化"的智慧社区。五角场副中心功能区：定位为发展以现代商业商务功能为主导，科教特色明显、商业商务发达、交通配套完善的区域性商业商贸中心。环同济知识经济圈：定位为依托大学的学科优势，以产学研一体化为主要抓手发展特色化、品牌化、国际化科技园区。大连路总部研发集聚区：定位为以跨国公司和国内行业龙头企业地区总部、研发中心、营销中心为核心的高端资源、创新主体集聚发展的总部研发集聚区。滨江功能区：定位为以创新创意、科技商务、观光休闲、会展论坛为主要内容的现代服务业功能带。

3. “2035 战略规划”引领杨浦未来

杨浦区政府组织编制《杨浦区 2035 战略规划》，规划目标为建设创新活力城区、健康幸福城区和人文魅力城区，并与《上海 2035 总体规划》中的“创新之城”“生态之城”“人文之城”发展愿景相契合。在杨浦 2035 战略规划中，目标则被定为：建设创新活力城区、健康幸福城区和人文魅力城区。

规划以五角场城市副中心和复兴岛未来城市中心为“双核”，加速创新要素与公共服务的集聚，并打造三大策略分区：一是西部核心区，西部核心区为产业导向较为明确，产业发展条件较为成熟的地区，是近期区内重点发展的区域。二是中部提升区，中部提升区现状以居住生活功能为主，并非产业的重点布局区域，但对于东、西两侧的产业发展起重要的支撑、服务作用。三是东部战略区，东部战略区发展方向尚未明确，现状存量土地未予释放，未来可能成为新的产业增长点的区域。

今天的杨浦与浦东已在黄浦江上建有三条隧道一座大桥连通，初步形成了“一桥、两环、三隧、四线”的立体交通格局。再加上杨浦区域内的道路拓宽、绿地建设、河道整治和环境美化，杨浦的生态人文环境已经发生了历史性的重大改变，彻底改变了杨浦长期处于上海“弄堂底”的局面，已从老工业城区，转变为上海建设科创中心的重要承载区、全国“双创”示范基地，民生事业与科技创新两翼齐飞。

杨浦正以博大的胸怀、旺盛的精力向世人展示其与时俱进的活力和宏伟绚丽的蓝图。杨浦的昨天令人难忘，杨浦的今天催人奋进，杨浦的明天一定会更加美好。

第三章

杨浦“文明发展”价值诉求

价值是一种关系属性的存在，是主体间利益的相对平衡。核心价值诉求是指寻求最主要、最重要的目的或目标。作为哲学概念，它指关于价值的理论体系，是人对世界系统化、理论化的评价意识。社会主义核心价值观，作为具有整合功能的主流意识形态，体现着中国的社会主义国家和社会性质。杨浦区文明发展的价值诉求，就是在创建全国文明城区中体现出社会主义现代化建设的本质要求。

一、杨浦的理想信念教育

（一）加强理想信念教育，是党建新的伟大工程

人民有信仰，民族有希望，国家有力量。要把理想信念教育作为群众性精神文明创建活动的中心环节，让理想信念的明灯永远在全国各族人民心中闪亮。习近平总书记系列重要讲话是中国特色社会主义理论体系最新成果，是指导具有许多新的历史特点伟大斗争的最鲜活的马克思主义，彰显了马克思主义强大的真理力量和实践力量，是坚定理想信念的鲜活教材。

共产主义远大理想和中国特色社会主义共同理想，是中国共产党人的精神支柱和政治灵魂。杨浦区委要求全区共产党员必须把对马克思主义的信仰、对社会主义和共产主义的信念作为毕生追求，在改造客观世界的同时不断改造主观世界，解决好世界观、人生观、价值观这个“总开关”问题，不

断增强政治定力，坚定中国特色社会主义道路自信、理论自信、制度自信、文化自信，自觉成为共产主义远大理想和中国特色社会主义共同理想的坚定信仰者和忠实实践者，自觉在思想上政治上行动上同以习近平同志为核心的党中央保持高度一致。要求在全区市民中深入开展中国特色社会主义和中国梦宣传教育，开展正确的世界观、人生观、价值观和道德观教育，开展近现代史、党史、国情、改革开放成就和形势政策教育，加强和改进思想政治工作，用中国特色社会主义的共同理想凝聚起团结奋斗的强大精神力量。通过理想信念教育，牢固树立共产主义远大理想和中国特色社会主义共同理想，挺起共产党人的精神脊梁，坚决防止不信马列信鬼神、不信真理信金钱，坚决反对各种歪曲、篡改、否定马克思主义的错误思想。做到领导干部要带头学理论、强信念，筑牢信仰之基，补足精神之钙，把稳思想之舵。

1. 新时期加强干部的理想信念教育

新时期加强干部的理想信念教育，是保证中国特色社会主义事业沿着正确方向前进的需要，是顺应世界发展潮流的需要，是党的建设新的伟大工程的需要。中国特色社会主义是当代中国各族人民的共同理想。这个理想以社会主义核心价值体系为引领，强调个人利益服从集体利益和国家利益等价值理念。加强理想信念教育，还应教育引导干部切实改进作风，保持和发扬我们党形成的理论联系实际、密切联系群众、批评与自我批评、谦虚谨慎、不骄不躁、艰苦奋斗、求真务实、勤政廉洁等优良作风。

中国共产党人的理想，不是空洞的说教，必须体现在行动上，体现在坚持全心全意为人民服务的宗旨上，体现在能否经得起执政的考验、改革开放的考验和权力、金钱、美色的考验上。对党员干部而言，必须强化“全心全意为人民服务”“以人为本、执政为民”“恪尽职责、廉洁自律、埋头苦干、乐于奉献”等观念和意识。只有这样，才能筑牢精神支柱，激发奋进力量，更加自觉地投身中国特色社会主义伟大实践，在推动发展、造福人民的过程中实现自己的理想、体现自身的价值。各级领导干部要发挥示范引领作用，坚守真理、坚守正道、坚守原则、坚守规矩，明大德、严公德、守私德，重品行、正操守、养心性，做到以信念、人格、实干立身，以实际行动让党员和群众感受到理想信念的强大力量。

2. 学好科学理论，夯实理论基础

加强理想信念教育，首要的是学好科学理论，夯实理论基础。杨浦区在创建全国文明城区中，始终注重对市民特别是党员和干部加强理想信念教育，要求深入学习习近平新时代中国特色社会主义思想，加强思想政治教育，推动学习教育往深里走、往心里走、往实里走，真正做到学深悟透、融会贯通、真信笃行，巩固全党全国人民团结奋斗的共同思想基础。杨浦区委不仅抓好区委中心组的理论学习，还下发通知要求全区基层党组织自觉抓好理论学习。通过学习马克思列宁主义、毛泽东思想、中国特色社会主义理论，从而深刻认识和准确把握共产党执政规律、社会主义建设规律、人类社会发展规律，始终坚定理想信念，在纷繁复杂的形势下坚持科学指导思想和正确前进方向。

在理论学习中注重引导广大干部群众坚持读马列主义原著、学原文、悟原理，把握讲话的鲜明主题和思想体系，把握贯穿其中的治国理政新理念新思想新战略，把握讲话体现的马克思主义立场观点方法，做到学而信、学而用、学而行，用讲话精神统一思想、凝聚共识。对党员要求认真学习党章、严格遵守党章、切实维护党章，自觉用党章规范自己的一言一行，把党章内化于心，外化于行，增强党的意识、执政意识，在任何情况下都要做到政治信仰不变、政治立场不移、政治方向不偏。区委党校制定实施《年轻干部理想信念宗旨教育计划》，以培养造就具有坚定共产主义信仰和较高马克思主义理论素养的社会主义建设者和接班人。

（二）进一步加强党对群众性精神文明创建活动的领导

1. 社会主义精神文明是中国特色社会主义的重要特征

党的十八大以来，以习近平同志为核心的党中央高度重视精神文明建设，提出一系列新思想新观点新要求，作出一系列重要部署，为加强新形势下精神文明建设提供了重要指导和基本遵循，有力推动了两个文明协调发展。2017 年 4 月，经党中央批准，中央精神文明建设指导委员会印发了《关于深化群众性精神文明创建活动的指导意见》，提出要加强党对群众性精神文明创建活动的领导，进一步完善党委统一领导、党政齐抓共管、文明委组织协调、有关部门各负其责、全社会积极参与的领导体制和工作机制。《关于深化群众性精神文明创建活动的指导意见》的下发，对正在进行创建全国文明城区的杨浦区具有重要指导意义。

群众性精神文明创建活动是人民群众群策群力、共建共享、改造社会、建设美好生活的创举，是提升国民素质和社会文明程度的有效途径，也是基层的重要载体和有力抓手。杨浦区委提出要把社会主义精神文明建设的任务要求落实到全区各街道和镇，自创建全国文明城区以来的实践证明，只有物质文明建设和精神文明建设都搞好，做到两手都要硬，杨浦的经济和社会发展才能有强劲的动力保障，人民的生活才能得到改善和提高，中国特色社会主义事业才能顺利推向前进。

2. 牢固树立物质文明和精神文明协调发展的战略方针

改革开放 40 年来，杨浦区确立了物质文明建设和精神文明建设“两手抓、两手都要硬”的战略方针，把精神文明建设贯穿改革开放全过程，纳入全区经济和社会的总体布局，在全区开展了精神文明建设各项工作，取得了很大的成绩，获得了许多全国、全市的荣誉，为杨浦区社会主义物质文明建设提供了有力的思想指导、精神支撑和智力支持，为杨浦区的经济社会发展创造了良好的精神文化条件。

近年来，杨浦区通过“三区联动”广泛开展中国特色社会主义和中国梦宣传教育，扎实推进思想道德建设，积极弘扬以爱国主义为核心的民族精神和以改革创新为核心的时代精神，深入开展群众性精神文明创建活动，学习宣传各类先进典型，着力丰富群众精神文化生活，市民素质和社会文明程度明显提升，精神文明建设取得了显著成绩，为杨浦建设创新活力城区、健康幸福城区和人文魅力城区打下了坚实的基础。杨浦区改革开放以来特别是党的十八大以来的生动实践充分证明，只要物质文明建设和精神文明建设都搞好，杨浦区的建设就会加快发展，人民的幸福生活就能有保障。社会主义物质文明和社会主义精神文明必须坚持做到两手抓、两手硬，要以辩证的、全面的、协调的观点正确处理两个文明的关系，切实加强社会主义精神文明建设，深入开展群众性精神文明创建活动。

3. 加强党对群众性精神文明创建活动的领导

坚持问题导向。目前精神文明建设在不同地区、不同领域、不同人群中还不平衡，存在一些薄弱环节，人民群众对加强社会诚信建设、增进人际互信、强化公德建设、推进生态道德建设等方面还有更多的期待。杨浦区深入推进道德风尚高地建设，坚持教育引导和集中整治并举，下决心解决道德失范、诚信缺失、不文明陋习等人民群众反映强烈的突出问题，更好满足人民美好生活需要，让人民更有获得感、自豪感、幸福感。针对当前精神文明建设领域还存在一些不容忽视的问题：一些地方单位道德失范、诚信缺失，人际关系缺乏信任感，违背社会公德、职业道德、家庭美德、个人品德等现象时有发生；一些地方环境脏乱差，不遵守基本公共秩序、不遵守基本文明行为准则的现象还比较普遍；公共文化服务体系还不完善；一些部门和单位精神文明建设工作不力，存在形式主义等薄弱环节，精神文明建设和物质文明建设发展明显不协调等问题，要求各街道和镇及相关部门以辩证的、全面的、协调的观点正确处理两个文明的关系，切实加强社会主义精神文明建设，深入开展群众性精神文明创建活动。

杨浦区委提出要加强党对群众性精神文明创建活动的领导，进一步完善党委统一领导、党政齐抓共管、文明委组织协调、有关部门各负其责、全社会积极参与的领导体制和工作机制。同时，要求广大共产党员要在精神文明建设中发挥模范表率作用，带头继承和发扬党的优良传统和作风，弘扬中华民族传统美德,讲修养、讲道德、讲诚信、讲廉耻,自觉远离低级趣味,养成共产党员的高风亮节,形成良好的政治文化。

(三) 积极培育和践行社会主义核心价值观

1. 社会主义核心价值观是群众性精神文明创建的灵魂工程

杨浦区坚持以马克思主义为指导,深入贯彻落实习近平总书记系列重要讲话精神和治国理政新理念新思想新战略,坚持正确的政治方向,始终把培育和践行社会主义核心价值观作为群众性精神文明创建活动的灵魂工程和根本任务。

杨浦区在培育和践行社会主义核心价值观中始终紧紧围绕统筹推进"五位一体"总体布局和协调推进"四个全面"战略布局,牢固树立和贯彻新发展理念,坚持以人民为中心的发展思想,以培育和践行社会主义核心价值观为根本,加强思想道德建设,弘扬中华优秀传统文化和传统美德,弘扬革命文化和社会主义先进文化,深化群众性精神文明创建活动,培育社会文明新风,全面提高国民素质和社会文明程度,着力构筑中国精神、中国价值、中国力量,巩固马克思主义在意识形态领域的指导地位,带领全区人民为实现"两个一百年"奋斗目标、实现中华民族伟大复兴的中国梦,提供坚强思想保证、强大精神动力、丰润道德滋养、良好文化条件。

2. 群众性精神文明创建是培育核心价值观的鲜活载体

社会主义核心价值观要想被人民大众广泛了解、认同和践行,必须与群众性精神文明创建活动紧密结合。群众性精神文明创建活动是人民群众在党的领导下有组织、有计划地开展社会主义核心价值观建设的重要载体。当今,要想在 14 亿中国民众中培育核心价值观,必须接地气、连民心,充分调动群众的积极性、主动性与创造性。群众性精神文明创建活动正是接地气、连民心的鲜活载体与鲜活实践。

在创建全国文明城区中,杨浦区始终坚持用社会主义核心价值观引领群众性精神文明创建活动，充分利用“三个百年”的资源，重点抓好理想信念教育、爱国主义教育、公民道德建设、弘扬中华优秀传统文化、诚信建设、建设社会主义法治文化、发挥先进典型示范引领作用等方面的工作。同时，深化文明街镇、文明单位、文明家庭、文明校园等群众性精神文明创建活动，突出思想道德内涵，坚持创建为民惠民，推动人们在为家庭谋幸福、为他人送温暖、为社会作贡献的过程中提高精神境界、培育文明风尚。要提升全民科学教育文化素质和健康素质，营造精神文明建设的良好社会环境。要加强工作创新，防止和克服形式主义，不断增强群众性精神文明创建活动的针对性、有效性和吸引力、感染力。

3. 开展群众性精神文明创建，打造核心价值观传播新生态

全面建成小康社会，汇聚齐心协力促改革、同舟共济谋发展的社会正能量至关重要。以群众性精神文明创建规范化活动为抓手，积极打造核心价值观传播新生态，有利于创设社会主义核心价值观，培育与践行良好生活情境与社会氛围。

打造核心价值观传播新生态，杨浦区的经验：一是深入开展文明单位、文明社区、文明村镇、文明景区创建活动，在组织领导、工作制度、方案设计、责任分工、督导测评等方面下功夫、出实招。杨浦区把志愿者服务作为培育与践行核心价值观的重要平台，加强志愿服务队伍建设，完善志愿服务管理制度、项目运作模式和评价激励机制，拓宽践行社会主义核心价值观的群众参与面，各项活动的成效十分显著。二是充分利用杨浦区的资源禀赋传统文化、地域文化和社区文化的内涵意蕴，以丰富多样的文化活动为载体，推动社会主义核心价值观传播常态化。具体而言，充分发挥平面公益广告、社区媒体等比较优势，实现核心价值观全区域覆盖。通过在区校联盟、睦邻家园、一线工作法等各种活动中融入核心价值观元素，以提升市民的精神境界。三是以年轻一代的核心价值观教育为重点任务。充分发挥三区联动的优势，通过建立“三个百年”基地和地区睦邻中心，健全区、街乡、社区（村）

三级家庭教育工作网络，建立学校教育、家庭教育、社会教育、网络教育四位一体的核心价值观教育体系，起到细雨润物的效果。四是完善创建活动长效机制，助力核心价值观教育成果落实。社会主义核心价值观的理论张力存在于群众的社会实践和精神生活之中。推动社会主义核心价值观在全党全社会落实，不仅要坚持以群众性精神文明创建活动为抓手，还要积极建立健全群众性精神文明创建活动的长效机制，使社会主义核心价值观真正走进群众的日常生活和内心世界，扩大群众的积极性和主动性。

二、 杨浦市民的修身实践

（一） 以“群众性文明创建”，提升杨浦市民文明素养

1. 针对杨浦实际，制定实施计划

杨浦区在创建全国文明城区中，根据上海市文明委《关于开展市民修身行动，提升市民文明素养的实施意见（2016—2020）》和市文明办《关于推进“市民修身行动”教育培训工作实施办法（试行）的通知》要求，针对本区的特点，制定了《2018 年杨浦区市民修身行动工作要点》和《杨浦区市民修身行动培训工作方案》，在开展市民的修身行动中，各街镇、各单位积极贯彻落实文件要求，坚持问题导向，注重抓好社会群众修身的薄弱环节，取得了明显的实效，创新了“市民修身行动”。

2. 突出以社会主义核心价值观为修身重点

文明修身是为提高社会群众思想道德素质而开展的系列宣传，具有深远的理论意义和实践意义。从理论意义看，文明修身活动体现了马克思主义关于人的全面发展的基本理论，贯彻了“以人为本”的教育理念，彰显了我国儒家传统的修身思想。

杨浦区推进“市民修身行动”，在区实施意见里明确指出修的是社会主义价值观，主要有两个层面：一方面是将核心价值观 24 个字宣传好、阐释好，特别是深化爱国、敬业、诚信、友善公民层面的价值取向，做到入脑入心；

另一方面是将核心价值观形象化，融入贯穿到个人品德、家庭美德、职业道德、社会公德的市民教育实践中，做到内化于心，外化于行。其次是重点突出“如何修”，不再是传统意义上的“修身是注重自我教育”，此次的市民修身行动，强调的是党政引导与市民主体相结合，强调外在的引导和激发，要教育培训和行为实践相辅相成、合力推进。这就需要各部门结合自身实际，发挥部门优势和特点，努力培育本街镇教育培训的品牌、途径、阵地，营造出浓厚市民修身的社会氛围，真正做到修身有阵地、有内容、有重点、有成效。

3. 坚持广泛发动，注重修身培训的覆盖面

开展市民修身行动，就是要让修身理念进学校场馆、进文化活动、进社区家庭、进市民生活，这需要各部门的齐抓共管，针对不同群体特点，不同教育层次和不同需求，量身打造接地气的培训教育活动。区文明办结合文明城区创建，把市民修身行动的文明礼仪培训工作扩展到机关、社区、小区、园区和企业，针对不同对象，分别开展文明礼仪培训展示活动，积极提升市民文明素质。

杨浦区文明办注重整合全区的教育培训资源，专门发出通知，要求区域内的政府机关、企事业单位、院校等，充分利用现有培训场所、培训专业团队，并被纳入区市民修身大培训的重点部门，发挥各自专业资源，丰富拓展传统文化、生活礼仪、法律法规、公共安全、行为规范、生态环保、国防教育等领域内容的培训，如结合修身行动组织环保宣传教育活动、组织普法大课堂、组织市民国防教育活动等，盘活资源，形成杨浦区较完整的修身培训体系。同时，我们充分利用社区睦邻中心、文化活动中心、艺术机构、教育培训机构等修身阵地，提升修身计划的影响力和覆盖面。截至 2018 年底，落实市民修身注册人数 27 万，参与学习活动的签名人数达到 42.7 万人次。

（二）注重“三个结合”，提升市民文明修养

1. 将市民修身行动与日常工作相结合

市民修身行动要形成有效互动、良性循环的发展格局，让修身与各单

位、各部门的日常工作相结合，成为常态化、稳定化的活动。区文明办要求政府各部门要将市民修身行动作为精神文明建设的重点项目，高度重视，同时巧妙融入日常工作，让修身与各部门的日常工作相结合，成为常态化、稳定化的活动。如将市民修身行动宣传纳入杨浦区年度公益广告宣传计划，通过公益广告、征集大赛等形式，定时推出一批修身公益广告作品，通过开展以“公益广告”征集来营造杨浦市民修身的氛围。用户外展屏、道旗、灯箱等各种载体，在公共空间有机植入修身计划的宣传元素，先后在五角场、鞍山商圈、三纵三横主干道、四平路等主要道路区域制作了以“学雷锋”“文明交通”“文明旅游”等为主要内容的宣传道旗和大型公益广告牌，形成了核心价值观无所不在、无所不见的浓厚氛围。通过举办区文化节、睦邻节、“非遗”文化专场展示、街道“端午”睦邻嘉年华等活动的平台作用，悬挂张贴公益广告宣传标识，让市民在参与活动的同时自觉接受市民修身理念的熏陶，通过公益广告吸引群众参与修身活动、培育修身文化、弘扬修身典型。例如，教育局、文化局、工青妇等部门已有许多教育培训的阵地、品牌，在党员干部、青少年、社区居民、外来务工人员等重要群体中都有较大的影响力和号召力，这些都是我们宝贵的资源财富，要把这些优秀的教育培训资源纳入市民修身体系中。

2. 将市民修身行动与创建工作相结合

全国文明城区创建是杨浦精神文明建设工作的重中之重。市民修身行动作为推进城区文明程度和市民文明素养提高的新举措、新载体，也将纳入“新版精神文明创建考评体系”，这意味着市民修身行动将成为创建工作的重要内容，要将市民修身行动与创建工作有机融合，做到相辅相成、统筹协调、互相推进。为此，市民修身行动要明确定位，服务大局，融入创建工作，形成整体合力。

开展全国文明城区创建是全区范围内的群众活动，不仅需要发动全区市民积极参加，还需要广大志愿者积极报名参加。为此，杨浦区以“志愿精神”引领杨浦市民开展修身行善活动。结合学雷锋活动常态化，弘扬“奉献、友爱、互助、进步”的志愿精神，鼓励市民将志愿服务作为修身践行内容，各尽所能、各展所长，就近就便参与活动。深化“党员进社区、人人做公益”“为好人点赞”等志愿服务主题活动，不断拓展志愿者服务基地、睦邻中心、公益集市、公共场所服务点等服务网络。围绕关爱他人、关爱社会、关爱自然“三关爱”志愿服务活动，以空巢老人、留守儿童、农民工、残疾人为重点，广泛开展邻里守望、帮困结对、关爱好心人等各类志愿服务活动，重点培育“邻里守望”志愿服务品牌，入选全国志愿服务先进“四个100”的房金妹就是杨浦志愿者的代表。

3. 将市民修身行动与重点工作相结合

杨浦区在创建全国文明城区中，将“新七不规范”宣传、文明交通、文明旅游、文明居住、诚信建设等都列为重点工作，也是修身行为实践的重要衡量要求。杨浦区文明办坚持把市民修身与这几项重点工作有机结合起来，坚持问题导向，强化市民行为规范，通过宣传教育，促进市民知行合一、内外兼修。

将市民修身融入重点工作，不断提升市民的个人修养和公共意识，也是杨浦区文明创建的一大特色。先后开展的重点工作有：组织开展“我爱上海文明出行”交通志愿服务行动，引导行人和车辆文明行车、文明行路，营造“文明交通从我做起”的氛围；组织开展“我的门前我清洁”行动，大力推进“新七不”市民公共行为规范宣传；组织开展“文明餐桌”行动，宣传节俭养德、文明用餐，引导市民科学、绿色和健康的生活理念；组织开展评比“道德模范人物”活动，倡导党员干部、公众人物、道德模范、先进典型等当好市民修身行动的排头兵，引导和带动广大市民争当文明市民、展示文明风采；组织开展“除陋习、有素养、行文明”专项行动，以街道镇为主体，联合区文明办、绿化市容局等单位，开展整治“宠物扰邻”“行车乱扔垃圾”“行人乱穿马路”等主题活动，发放宣传资料和宣传品，教育市民自觉遵守公共秩序；

组织开展“文明礼仪伴我行”五进活动，重视典型宣传活动，通过组织专场报告会，听取钟扬、李福强等典型人物感人的先进事迹，引导人们崇德向善、见贤思齐；组织开展“文明校园创建”活动，引导学校师生自觉维护公共秩序和遵守规范，树立与时代相适应的新形象。据不完全统计，截至2018年底，累计开展各类创建活动76场。此外，区文明办将《刘柱好家风》社区剧轮流到12个街道镇进行巡回演出，取得了很好的社会效益。

（三）以“睦邻家园”品牌优势打造杨浦市民修身课堂

1. 通过基层创新提升睦邻家园内涵

近年来，杨浦区紧紧围绕市委关于创新社会治理加强基层建设“1+6”文件精神，落实区委关于全面推进睦邻家园建设的要求，做大做强“睦邻”品牌。截至2018年，全区共打造示范型睦邻小区35个；开辟共享楼道公共空间，建成睦邻楼组100个；建立睦邻自治理事会45个；改建修缮了大量小区茶室、客厅、花园、绿地、步道等，丰富了居民就近、可达、便捷的交流互动空间。基层创新引领着社区睦邻家园乃至整个社区的健康发展。自全面推进睦邻家园建设以来，杨浦各街镇、居委会和社会组织紧密结合正在开展的全国文明城区创建、“美丽家园”建设、“智慧城市”建设、“城市精细化管理”等工作，大胆尝试、勇于创新，在不断探索、实践过程中，形成了独具特色的睦邻家园建设工作机制和建设路径，睦邻家园内涵不断提升，睦邻家园的成果在各街镇遍地开花。

延吉新村街道积极对接复旦大学、上海理工大学、同济大学规划设计院等区域内高校智库，在广泛征求意见、反复研究论证的基础上，形成了符合延吉特点的睦邻家园整体建设方案。方案聚焦党建引领、文化再造、自治善治、平安宜居四个领域，明确了推进的路线图和时间表，并细化分解成25个具体项目；以重点聚焦打造“一轴三区”为目标，基本建成了水丰路睦邻示范街区和延吉四村、延吉七村、控江路645弄三个睦邻家园示范小区。

2. 通过邻里相助从“陌邻”变“睦邻”

通过开展睦邻文化节、睦邻社区等一系列睦邻品牌的打造，让居民群众感受到生活在杨浦的“人情味”，也不断提高自身文明素养。结合社区文化活动中心载体，利用道德讲堂、市民修身、励志讲堂等形式，大力开展“市民修身行动”礼仪学习和实践活动。全区每月制定市民修身活动计划，将市民修身、文明礼仪的活动大众化、日常化、生活化。

江浦路街道的公益国学“浦江学堂”56 次、区文化局的“我们的文化节”16 场、学习办的“一点学堂”30 次、教育局未成年人的“励志讲堂”60 次等，各街道镇的“文化服务日”、“3・5 学雷锋活动”、走进“戏曲名家”等活动，主动融入市民修身元素，让市民在各类活动中，接受修身礼仪教育，逐步达到行知合一。控江路街道应用物联网技术构建社区大脑，落地“无人值守车棚”等 16 项“微管理”运用，加大城市管理问题的发现和处置机制建设力度，以智慧社区建设带动和提升睦邻家园建设，大幅度提升管理和服务的精细化水平。四平路街道充分依托同济大学共建资源，在反复听取居民对“家园”的表述后进行设计，并开展“四平空间创生行动”，把铁岭路 115 号原先扰民的麻辣烫店铺改建成当代首饰中心、阜新路废品回收站改建成上海城市科学实验室。

3. 通过规范制度构建信息化平台

2018 年上半年，杨浦区制定印发了《关于本区深化睦邻家园建设的实施意见》，明确了杨浦睦邻家园建设到 2020 年的总体目标，即从 2018 年起，以街道（镇）为单位，每年分别打造 20%以上的“基础型”和 5%以上的“示范型”睦邻楼组（楼宇）、睦邻小区（园区）、睦邻社区、睦邻街区，并明确了党建化引领、打造睦邻空间、弘扬睦邻文化和加强队伍建设四个方面工作任务。同时，出台《2018 年睦邻家园建设标准》，《建设标准》结合睦邻家园建设的 5 个层次，制定了“基础型”和“示范型”两个标准体系的具体建设内容。

杨浦区依托“睦邻家园”平台优势，围绕杨浦修身行动“学、德、善、礼、志”五字精神，在社区睦邻中心推进“睦邻修身客堂”项目，通过政府引导、社会参与、专业服务、品牌建设，打造市民修身明礼的文化课堂和睦邻友善的百姓客堂。通过顶层设计，统一派发修身文化课程菜单到社区睦邻中心，充分发挥了杨浦“睦邻家园”的品牌效应。此外，杨浦还将建立区“社会治理顾问制度”，聘请12名上海市社会治理领域的知名专家与街镇一一结对，共同解决工作推进中的瓶颈问题，着力推进睦邻家园建设，打造具有杨浦特色的共建共治共享社会治理格局。

三、 杨浦的文明新风尚

（一） 社会主义核心价值观引领是杨浦文明新风尚的指南针

1. 用社会主义核心价值观引领群众性精神文明创建活动

社会主义核心价值观是十八大以来党的理论创新的重要成果，培育和践行社会主义核心价值观也是实现“两个一百年”奋斗目标、实现中华民族伟大复兴中国梦的一项重大战略任务。要把培育践行社会主义核心价值观作为根本任务，在贯穿结合融入上下功夫，在落细落小落实上下功夫，积极培育向上向善、诚信互助的浓厚社会风尚。杨浦区历史文化厚重，人文资源十分丰富，在全国文明城区创建中，注重总结经验，强化价值导向，突出思想道德内涵，扎实推进群众性精神文明创建，广泛开展志愿者服务活动，传承发展中华优秀传统文化，不断提高人们精神境界、培育社会文明风尚。

近年来，杨浦区委坚持以社会主义核心价值观引领，重点抓好理想信念教育、爱国主义教育、公民道德建设、弘扬中华优秀传统文化教育，同时开展了同创共建、文明校园、诚信建设、交通文明、文明旅游、道德讲堂、节水型小区、文明餐桌等系列创建方面工作。在创建全国文明城区中深化文明城区、文明村镇、文明单位、文明家庭、文明校园等群众性精神文明创建活动，突出思想道德内涵，坚持创建为民惠民，推动人们在为家庭谋幸福、为他人送温暖、为社会作贡献的过程中提高精神境界、培育文明风尚。同时，注重提升全民科学教育文化素质和健康素质，营造精神文明建设的良好社会环境；要加强工作创新，防止和克服形式主义，不断增强群众性精神文明创建活动的针对性、有效性和吸引力、感染力。

2. 推进杨浦区社会信用体系建设

按照中央文明委《关于集中治理诚信缺失突出问题提升全社会诚信水平的工作方案》和市发展改革委《关于抓紧推进本市社会信用体系建设有关重点工作的通知》，杨浦区文明办重视社会信用体系建设，为深入推进本区社会信用体系建设，专门发文，要求逐项分解，细化实施，全面落实信用工作。

在推进杨浦区社会信用体系建设中，重点抓好七个方面的工作：一是推动区办事环节嵌入信用查询。市信用平台已与“一网通办”平台完成对接，将联合奖惩嵌入行政审批和行政许可等办事环节，实现“逢办必查”。二是大力拓展信用惠民便企应用场景。要求每个应用场景至少形成一项信用惠民便企措施。三是加强各区红黑名单认定。力求依据地方标准认定的红黑名单数量不低于依据本区内国家标准认定的红黑名单数量的10%。四是组织企业公示信用承诺。组织区内企业开展主动公示型信用承诺、审批替代型信用承诺、行业自律型信用承诺和信用修复型信用承诺。五是推动企业主动补充信用信息。组织区内企业主动补充企业资质信息，以及经具有资质的企业征信机构出具的第三方信用报告，并就其公示内容的真实性作出信用承诺。六是梳理信用联合奖惩案例。要求有关部门报送的合格的联合奖惩案例数量应不低于本区内红黑名单数量的10%。七是加快推动失信专项治理。按照中央文明委《关于集中治理诚信缺失突出问题提升全社会诚信水平的工作方案》要求，在全区19个重点领域开展失信问题专项治理，实现黑名单治理全覆盖。

3. 建立培育社会主义核心价值观的完善完备保障机制

培育社会主义核心价值观是一项承前启后的价值重塑工程，关乎中国特色社会主义各项事业的兴衰成败。要让社会主义核心价值观像空气一样填满人民群众的精神世界，成为人们最基本的价值遵循，让社会主义核心价值观落地生根是一个长期过程，为此就必须建立完善完备的保障机制。

群众性精神文明创建活动是一项全民性活动，要做到充分发挥群众性精神文明创建活动强大的教育引领功能，让人们在培育与践行过程中内化于心，外化于行。具体而言，一是要设立创建活动专项经费，配备一定的场地设施，为培育与践行活动提供必要的物质保障；二是要积极打造精神文明创建的实践基地、网络阵地和教育平台，为培育社会主义核心价值观提供必要的平台保障；三是要加强组织领导，为培育与践行活动提供必要的组织保障；四是要建立公正公开的测评机制，通过建立第三方测评机制，对创建情况进行常态化跟踪测评，向社会公开发布测评结果。

（二） 文明创建评比是杨浦文明新风尚的风向标

1. 组织开展文明创建系列评比活动

为了巩固全国文明城区创建的成果，检验创建的成效，全面提高市民文明素质，增强市民文明意识，提升社区文明程度，杨浦区开展了文明创建系列评比活动。

文明创建系列评比主要有文明城区、文明单位、文明社区、文明小区、文明校园项目，各街道和其他主管部门配合区文明办的创建评比活动，积极宣传发动文明创建系列评比活动的精神和要求，接受创建单位的申报活动，改善创建活动的氛围，完善各街道和系统的申报服务项目。根据实地检查和部门反馈的意见和建议，区文明办提出申报上级荣誉的建议名单，报请区文明委批准。截至 2018 年年底，创建上海市文明社区 8 个，创建全国文明单位 6 个，上海市文明单位 138 个，杨浦区文明单位 371 个，上海市文明小区 150 个，杨浦区文明小区 501 个，全国文明家庭 1 个，上海市文明家庭 11 个。其中，延吉路街道获得全国文明单位等 30 项全国和上海市先进集体荣誉。

2. 组织开展文明村（小区）创建评比活动

杨浦区五角场镇于2005年撤掉行政村，目前全区已无农村，居民小区全部参加文明村（小区）创建。区文明办和五角场镇文明办广泛深入开展文明村（小区）建设，以文明村（小区）考核标准为导向，对符合标准的小区进行测评验收，从而做到以创促建，真正把文明村创建工作落细落小落实，将全国文明城区创建工作深化到文明村。

按照区里统一部署安排，参与每两年一届的文明村（小区）评选活动。一是各村按照文明村创建标准，自荐和推选文明村。二是开展文明村评选投票，2018年先后有6.2万户村民参与评选投票。三是公示文明村评选结果，2018年，经过推荐评选，先后向市里推荐市级文明村25个，区级81个，并向全体村民公示文明村评选结果，文明村成为杨浦区“美丽家园”建设的示范。

3. 开展文明家庭（星级文明户、文明农户）创建评比活动

家庭是社会文明新风尚的窗口。按照《上海市“十三五”家庭文明建设指导计划》，结合杨浦区实际，创设载体和抓手，抓好新一轮“星级文明户”创建，深化寻找“最美家庭”活动，开展“五好家庭”创建，扩大文明家庭创建活动覆盖面和影响力。

杨浦区开展了形式多样的文明家庭创建活动，主要特点：一是将文明家庭创建有机地融合于市民修身行动中。发掘了10户文明家庭的家教、修身经验，在《杨浦时报》、杨浦有线电视台广泛宣传；二是突出“文明家庭”示范引领作用。2018年，以景在平、席慧君等文明家庭为示范，到五角场镇43个社区广泛宣传家教、家风以及育人经验；三是开展“爱·风尚”文明家庭创建品牌。于11月底举办2018年度杨浦最美家庭表彰大会暨“爱·风尚”文明家庭项目启动仪式，集中宣传、表彰杨浦区全国、市、区级“文明家庭”“五好家庭”“最美家庭”；四是倡导文明家庭的廉洁好家风。在文明家庭、最美家庭创建中融入“家庭助廉”主题，营造廉洁、和谐、文明、健康的家庭氛围。2018年有2户家庭荣获全国“最美家庭”，2户家庭荣获全国“五好

文明家庭(标兵户)”,11 户家庭荣获上海市“文明家庭”,10 户家庭荣获市“最美家庭”等荣誉。

(三) 睦邻家园建设是杨浦文明新风尚的闪光点

1.“睦邻家园”建设取得的成效

2015 年,杨浦区“社区睦邻中心建设”被评为“2014 年度中国社区治理十大创新成果”、上海市委“一号课题”典型案例;2017 年,杨浦区着力打造“睦邻家园”社区治理品牌;2018 年,“睦邻家园”实践案例被评为“长三角城市治理最佳实践案例奖”等。

目前,全区已打造成示范型睦邻中心 60 个,开辟共享楼道公共空间,建成睦邻楼组 100 个,建立睦邻自治理事会 45 个,初步形成了社会治理“共建共治共享”新格局,和谐有序、绿色文明、创新包容、共建共享的睦邻理念深植社区治理的每个神经元,为杨浦区进一步建设多维度、多层次、多领域、多方位的睦邻家园打下了坚实基础。

2. 睦邻家园建设的示范效应

社区建设要与邻为善、以邻为伴。杨浦区在睦邻家园建设中注重在科学化、精细化、智能化上下功夫,既充分运用好人工智能、物联网、大数据等现代科技手段实现智能化,又通过绣花般的细心、耐心、巧心提高精细化水平,绣出杨浦城区管理的品质品牌。坚持在细微处下功夫,把更多资源、服务、管理下沉基层、做实基层,进一步调动社区居民的积极性和主动性,创新打造杨浦睦邻中心升级版,打造杨浦睦邻家园品牌。

目前,杨浦区睦邻自治理事会成员单位已有 45 个,这些成员单位,来自基层第一线,睦邻党建、睦邻景观、睦邻文化、睦邻达人、睦邻团队、睦邻机制…… 在打造有温度的社区之余,杨浦区在实践中不断丰富“睦邻家园”建设的内涵。在运作方式上,更注重融合社区不同群体、培育社区骨干、促进社区居民自治,重点推进小区楼栋微整治、公共空间微改造、老旧景观微更新的“三微治理”。社区群众在探索楼组治理、协商治理、情感治理的过程中，逐渐从“内部互助型”团队向“服务社区型”团队转变，形成自治、共治、礼治、法治融为一体的生活共同体，居民互助、团结、友爱等邻里公共精神得到显著提升，参与社区治理的主动性、积极性得到进一步激发，解决了一大批老百姓“急、难、愁”问题。现在，几乎每个睦邻中心都已建立起了自己的志愿者队伍和活动团队，成为推进杨浦睦邻家园建设的重要力量。

3. 睦邻家园建设的提升和创新

在睦邻家园建设的提升和创新中，注重引导驻区各类社会力量参与睦邻家园，做到“三个始终”：一是始终坚持党建引领，引导驻区单位、社会组织、群众团体等各类社会力量积极参与睦邻家园建设；二是始终坚持“三区联动”，充分发挥高校在社会治理方面的重要作用，建立健全社会组织与社区建设、社会工作的联动机制，不断提升睦邻家园建设的专业化、规范化水平；三是始终坚持发挥居民群众的主体作用，鼓励杨浦居民积极投身到睦邻家园建设中来。

凸显睦邻家园建设的工作创新效应，放大睦邻家园的效应，重点是在打造品牌、扩大影响、提升辐射上下功夫，以点带面，着力打造一批集中连片的、示范性强的睦邻小区、睦邻街区和睦邻社区。如推广“e 睦邻”就是围绕杨浦区市民办事难的“痛点”，整合民政、公安、人社等 11 个职能部门资源，推动社区事务网上办理全覆盖，居民办事最多跑一次。该平台于 2018 年 8 月 20 日正式上线，并在杨浦区全面推开。居民可通过一网通办 App“随申办”进入杨浦主页的“e 睦邻”，市民足不出户就能完成 169 项社区事务在线咨询、资料预审等办理流程。

第四章

杨浦“文明发展”的生态环境

“十三五”期间，杨浦区紧紧抓住“全国生态文明建设”和“上海科创中心重要承载区建设”两大机遇，以党的十八大以来加强生态环境综合治理的新理念新思想新战略为引领，按照《杨浦区生态文明建设“十三五”规划》，将生态环境治理始终贯穿于文明城区创建工作中，聚焦薄弱环节，突破发展瓶颈，注重在科学化、精细化、智能化上下功夫，着力打造优美环境、优良秩序、优质服务，着力提升城市环境质量和人民生活品质，努力将杨浦建成“产业低碳化、能源清洁化、环境绿色化”的生态城区。2017 年，杨浦区重新被确认国家卫生城区。

一、 杨浦的市容环境治理

随着城市管理体制调整和管理重心下移，生态环境综合整治的深入推进，市容管理工作面临新的机遇和挑战。杨浦区以建设卓越一流全球城市为目标，坚持精细管理，追求精致品质，坚持以人为本、管建并举、管理为重、安全为先，突破难点、加强难题顽症治理，凸显亮点、打造城市综合景观区和小区综合治理，注重“源头治理、依法治理、系统治理、综合施策”，城市容貌和小区环境有了很大的改观，初步实现了“整洁、有序、美观”的目标。

（一） 围绕一根主线，聚焦两个着力点

1. 以“美丽街区”为抓手，落实城市精细化管理

根据上海市《关于进一步补齐本市市政市容管理短板、全面提升市容市貌环境整体水平三年行动计划》要求，深化推进责任区管理制度，在全区建设100条市容环境责任区示范街，对照《沪绿容〔2015〕213号》考评办法，深入推进市容环境综合管理达标、示范街镇创建工作，完成全区示范街镇新创和复评工作。开展城市容貌示范亮点创建工作，要以《城市容貌规范》条例实施为契机，推动全区主要道路、景观区域标准的制定，并在全区开展符合全要素管理要求的示范道路、示范区域、达标示范街镇等创建工作，以“坚持标准、确保质量”为原则，以街镇为考评主体，强化检查考评、完善退出机制等措施，努力在杨浦区建设一批市容景观亮点。

按照市政府要求，由市政府编制符合全球城市定位和上海特点的《城市容貌规范》发布后，制定杨浦区宣传《城市容貌规范》的规范解读和宣传手册，充分利用报刊、电视、广播、微信等媒介开展形式多样的宣传活动，提高城市容貌规范的知晓率。结合全区市中小河道治理等重点工作，发挥政策的叠加效应，全方位推进市容管理以及评价评估体系的形成，全面实现全区市容环境品质的整体提升。要以深入落实城市管理精细化为指导，以“美丽街区”为抓手，建设与国际化大都市和卓越的全球城市相适应的市容环境管理体系，努力营造更有序、更安全、更干净、更美丽的城市容貌和市容环境管理。

2. 聚焦“美丽街区”和垃圾分类，形成市容新亮点

在着力打造“美丽街区”，形成新亮点方面，主要任务：一是通过专项规划，注重空间土地的复合性，利用区域环境治理、城市更新、海绵城市建设等，千方百计寻找绿化空间。2019年计划建设绿地10公顷，新增立体绿化3公顷，建成绿道5公里，争创市级林荫道1条，不断增绿、补绿、扩绿。推进“四化”工作落地生根。二是落实区“四化”三年（2019—2021）行动计划，

培育面上的亮点，全面提升城区绿化率和采视度，让市民尽享生态红利，提升一批体现精细化水平的身边绿地，建设一批街心花园，打造绿化特色街区，塑造绿化特色道路，为广大市民提供一个集绿化与景观完美融合的休闲好去处。三是坚持将“美丽街区”建设与核心区域建设相结合，与创新创业街区建设相结合，与“美丽家园”建设相结合，加快“双最”示范区建设的覆盖面，努力使街容街貌更加美观、空间视觉更加靓丽。四是在2018年完成秦皇岛—杨浦大桥滨江景观灯光建设的基础上，再延伸2.5公里至复兴岛，全面点亮杨浦滨江夜间更靓丽的风景。五是进一步推广五角场示范段道路洁净工程作业体系，以“席地而坐”为目标，不断提升环卫作业精细度，推广“道路大冲洗”工作经验，深入推进中小道路整治行动，进一步消除城区保洁盲区。六是以精细化管理理念为指导，以新一轮“创全”工作为契机，在市容环境提升和整治工作中强调“做减法、一体化、全要素”，推动全区面上市容管理水平稳步提升。

在着力引领垃圾分类工作新时尚方面，重点在分类实效提质上下功夫，实现70%以上居住区垃圾分类实效达标。主要任务：一是强化基层党建引领。发挥居民区党组织核心作用，形成社区党组织、居委、物业、业委的“四位一体”合力。抓实三级垃圾分类联席会议制度，实现全区垃圾分类面上质量全面提升。二是强化全程分类管理。三是加大公众参与力度，鼓励市民积极参与混装混运举报监督，持续推进“两网融合”回收服务点建设，力争今年建成435个服务点。四是强化分类教育宣传。深化“垃圾分类伴我成长”品牌活动，形成“教育一个孩子、影响一个家庭、带动一个社区”的良性互动局面。五是进一步发挥“垃圾分类志愿者”宣传动员作用，让垃圾分类真正成为市民群众“愿意分、自觉分”的时尚绿色生活方式。

3. 紧扣重点，努力完成“补短板、治五乱”年度任务

深入推进“补短板、治五乱”行动。针对问题现状，加强调查研究，制定“五乱”治理的一套标准和要求，并出台一本治理的指导手册。按照“对接

一批、锁定一批、督办一批”原则，确定年度具体目标任务，落实“一点一档”和“一点一策”，开展有针对性的治理。

聚焦“乱设摊”和“乱张贴”两项重点工作。结合《上海市食品摊贩经营管理办法》的施行，加强综合治理、源头治理，进一步巩固无序设摊三年治理成果，防止设摊集聚点的反弹和新增，提升设摊管控点和疏导点规范化管理质量。“乱张贴”治理要重点聚焦高架和高速道路桥柱、护栏、道口等设施和城郊接合部，加强管理、执法、作业、监督等的联勤联动，加强巡查巡视，及时发现问题，迅速有效处置。

做好“三重”市容环境保障。统筹协调，切实做好新中国成立70周年、第二届进博会等“重大活动、重要节点、重点区域”的市容保障工作，在重点关注主要道路和景观区域的同时，要聚焦城郊接合部、区区接合部、大型交通枢纽区、背街小巷、无名道路等区域的市容环境综合治理，全面提升市容管理水平。

（二） 早计划、早安排，扎实推进杨浦“美丽街区”建设

杨浦区委、区政府高度重视“美丽街区”建设专项工作，要求由区绿化市容局负责牵头，积极落实市委、市政府及市级相关行业主管部门的工作要求，在完成市规定动作的基础上，自我加压，结合杨浦实际制订《杨浦区“美丽街区”建设专项工作方案（2018—2020）》，以文件的形式固化规范工作要求和3年建设任务计划量。

1. 落实“美丽街区”建设计划，提升居住品质

“美丽街区”建设是一项全新的、全要素、综合性很强的工作，按照三年计划任务，对照《上海市街道设计导则》《上海市城市容貌》等标准，区委区政府要求在三年时间内，先后完成21条主要道路及两侧区域（高架和市区主干道）、6处休闲服务功能区域（含“双最区域”）以及162处市民集中居住区/其他重点区域（含中小道路）的“美丽街区”建设。截至2019年上半

年，杨浦区区级层面已牵头完成五角场地区、长阳创谷周边、杨浦滨江2.8公里岸线、杨浦图书馆—长海医院周边、合生汇—实训基地周边、创智天地大学路周边区域6处休闲服务功能区域以及10条市、区两级主要道路的“美丽街区”建设，同时由各街镇根据辖区实际，对59条中小道路开展了“美丽街区”建设，努力“绣”出一个更美丽的杨浦。“美丽街区”建设，让杂乱的电线逐渐消失，居民抬头看见最美蓝天。根据计划，2018—2020年，杨浦区计划开工并完成31公里道路架空线入地及合杆整治。其中，有军工路（翔殷路—长阳路）、源泉路（控江路—周家嘴路）、杨树浦路（大连路—黎平路）等16条架空线开工路段已经竣工或通过验收。

为进一步提升“美丽街区”后续管养水平，在“美丽街区”建设工作完成后，杨浦区市容局和各街道（镇）通过后续管养的无缝衔接、紧密跟进，确保建成一处、靓化一处，管养责任落实到位，确保常态长效。具体做法：一是通过责任归属、属地归属等划分边界，明确落实“美丽街区”的城市保洁、立面维护、设施管理、景观品质的后续管养责任。二是加强动态管控。通过责任区制度落实、智能化管理手段运用、管理数据互联共享等方法，要求后续发生各类问题快速处置，确保管理实效。三是加强绩效考核。将“美丽街区”管理实效与“创全”工作相结合，纳入市容环境综合管理质量评估、市容环境公众满意度测评等常态工作中去。同时，利用区综管中心、各街镇网格中心的信息化技术，提高“美丽街区”创建水平并逐步实现全覆盖、全过程、全天候的管理要求。

杨浦区在创建全国文明城区中，为使百姓安居乐业，按照《“美丽街区”建设专项工作方案（2018—2020）》，力求通过三年行动计划，实现住宅小区运行安全水平和居住环境品质显著提升目标，做到杨浦“美丽家园”建设全覆盖。

2. 加快旧区改造的步伐，改善居住条件

由于历史原因，杨浦区在旧改步伐方面历史欠账较多，百姓对加快旧区改造呼声强烈，甚至居民自发上访，要求政府尽快对所居住地区进行旧区改造，这在其他区是不多见的。2019 年，杨浦区明显加快了旧改步伐，目前已与上海市地产集团合作推进旧改新模式，全年将完成旧改 7 000 户，同比大增四成。其中 160 街坊房屋征收意愿“一次征询”顺利通过，拉开了 2019 年杨浦区旧改工作帷幕，也创造了全区旧改意愿征询最快纪录。

旧改是杨浦最大的民生，在 2018 年完成旧改征收 5 028 户、14.12 万平方米、收尾 6 个基地的基础上，2019 年继续把成片旧改放在更加突出位置，进一步加大投入，探索市、区联手新机制，完成旧改征收 7 000 户、收尾 6 个基地。另外，区里还将多途径改善居民居住条件，推进军工路 307 弄等里弄房屋修缮改造。坚持租售并举，新增租赁房源 7 500 套、代理经租房源4 050套。

3. 优化“四位一体”住房保障，持续完善住房体系建设

杨浦区多年来坚持全力改善困难群众的住房条件，形成了征收安置房、公共租赁房、廉租住房、共有产权保障房“四位一体”的住房保障体系。

其主要做法：一是征收安置房新开工建设持续推进。2018 年新开工项目落实到 107 街坊二期，建筑面积 9.6 万平方米，提供房源 1 400 套。该基地土地已出让，并完成扩大用地审批，设计方案已公示，目前正在进行设计方案报批，预计 2019 年可四证齐全正式开工。二是公共租赁住房供应管理逐步完善。公租房供应正逐步扩大，目前共有一个市筹公租项目 2 201 套房源和四个区筹公租项目 1 524 套房源正在供应。新江湾尚景园 2 201 套房源中，已签约 2 146 户，正式入住 2 104 户，其中复旦大学包租 1 003 套、已入住 961 户，常态化 1 143 套。区筹公租房房源尚锦嘉愿楼、明月坊、水月坊、皓月坊、佳木斯路项目常态化供应及现场管理，入住 1 223 户。三是廉租住房受益面进一步扩大。廉租房主要通过租金配租方式解决低收入家庭住房困难问题，做到应保尽保。租金配租方面，新增受理户数 998 户，新增租金配租户数 527 户，租金共发放 1.19 亿元。完成了 1 896 户廉租家庭新标准租金调整工作。实物配租方面，2016 年批次通过廉租实物配租审核的

轮候家庭共528户，其中271户进行了选房，242户落实配租；在2018年9月进行了第二批次实物配租选房，房源总套数33套，轮候选房户33户，其中29户落实配租，4户放弃。四是共有产权保障住房工作平稳有序。第六批共有产权保障住房共受理5 364户，经过二次审核公示，共有4 834户申请家庭参加摇号排序获得选房资格。2018年12月28日启动了第七批次共有产权保障房集中受理。

同时，做好落实“租购并举”住房制度，以加强租赁住房建设。在落实“租购并举”住房制度方面，坚持房地产调控工作不动摇、不放松，严格执行市房管局关于“商品住宅项目销售三级审批制度”。调控以来，全年共申报核批新江湾尚海苑、翡丽雅苑等9个商品住宅项目，核批预售住宅面积27.58万平方米，2 279套，实现房产税收16亿元；在加强租赁住房建设方面，2018年新增和转化租赁住房9 457套，超额完成新增租赁住房7 500套目标的126%。完成代理经租房源4 556套，超额完成4 050套的目标任务，为确保完成“十三五”期间新增和转化租赁住房15 000套打下了坚实的基础。

4.“留改拆”并举综合推进各类旧住房修缮改造

上海旧区改造、旧住房修缮改造，事关民生，也关系到城市品质提升。“十三五”期间，上海规划完成各类旧住房修缮改造5 000万平方米，中心城区以二级旧里为主的旧区改造240万平方米。杨浦现有居住小区937个、约3 500万平方米，其中公房、售后公房和2000年前建造的商品房小区670个、1 920万平方米。2009年至2018年期间，我们开展小区综合整治，共实施303个小区、865万平方米，需要改造的存量规模仍然较大。近年来，聚焦卫生设施短缺的老旧住房，上海在杨浦等6个区进行试点，形成四类比较成熟的改造模式。做好“留改拆”并举、综合推进各类旧住房修缮改造是事关长远、十分重要的惠民举措。

近年来，杨浦区通过创新思路、办法和机制，市区联动、多策并举、加大力度，加快改善基本居住条件，更好地满足人民群众对美好生活的向往。重点实施纳入保障性安居工程的成套改造、屋面及相关设施改造、厨卫改造三类旧住房综合改造，有序推进实施二级旧里以下等各类里弄房屋的修缮改造工作，“美丽家园”目前已完成103个小区、320万平方米，已竣工和初见成效小区的居民对小区面貌和居住条件的改变给予了充分肯定和认可，全面消除了一般损坏老旧住房的安全隐患。

同时，拓展旧住房修缮改造内涵，统筹管线入地、二次供水设施改造、消防设施改造、雨污分流整治、环境整治、道路整修、违法建筑整治等工作，着力解决人民群众居住生活中“急、难、愁、盼”的问题。原杨浦区的国定路，紧挨复旦大学和上海财经大学，毗邻五角场市级副中心，是杨浦西北片区一条重要的南北向通道。复旦大学、财经大学这两所百年名校的存在更是为国定路增添了文化底蕴。但路边的墙面斑驳、店铺杂乱无章，和毗邻的两所百年名校气质不符。通过对该地区全方位的改造，现已打造成一个集休闲、活力、生态为一体的现代化美丽的街区。

（三）坚持“五违四必”整治，加强重点区域综合治理

杨浦区结合创建全国文明城区工作，围绕社区“生态环境”建设，在全市开展“五违四必”生态环境综合治理的形势下，从2013年开始，区委、区政府聚焦影响城区发展和群众反映强烈的“短板”问题，先后开展了74个薄弱区域的治理，解决了一批长年累积的重点、难点问题，改善了城区市容环境。

1. 虬江地区综合治理工作成效显著

虬江地区属于五角场镇辖区范围，位于军工路以东、民星路以南、虬江以北、黄浦江以西，面积约2平方公里，由部队、企业、园区、居民小区、居民私房等构成，存在来沪人员多、人口流动性大、厂房仓储多、违章搭建量大、“三合一”群租现象多、安全隐患大等问题。军工路1300号则是虬江地区生态治理的重中之重，共有包括央企、国企在内的7家大型企业，厂区总面

积近 1 平方公里。这 7 家企业在近 20 年的市场经济变迁过程中，原经营业态已名存实亡，企业将厂区范围内的空地、厂房、仓库分别出租给 200 余家企业。租赁双方在利益的驱使下，还以自建、合建、改建、扩建等多种形式搭建违法建筑，并通过群租、“三合一”等多种形态层层转租给企业和个人，群租人员达 2 000 余人，带来严重的安全隐患，是上海城市管理工作中难啃的“硬骨头”。

杨浦专门成立了虬江地区生态环境综合治理领导小组，落实了领导责任、属地责任、监管责任、主体责任“四位一体”的责任体系，并将整治领导小组办公室设在区综管中心，五角场镇作为属地具体负责组织实施。工作组对涉及治理工作的 200 多家企业采取逐一上门、多次沟通宣传、主要领导约谈等方式，让企业知晓政策，知晓节点，知晓责任，做到宣传动员全覆盖。并在该地块的主要通道张贴公告 70 余份，悬挂横幅 80 余条，竖立宣传告示牌 170 余块，将治理中的分工职责、时限及责任人等内容制成“铭牌”张贴在现场，使业主和租赁方看到治理工作的力度和决心，打消蒙混过关的侥幸心理。

以保护人民群众的生命和财产安全为宗旨，综合治理的工作从“拆违”开始。“违法建筑”“违法居住”“违法经营”“违法排污”这些问题在虬江地区可谓司空见惯。在全面排摸的基础上，工作组多次召开整治区域园区企业负责人会议，并逐一走访园区内企业，动员企业为保障人员的生命安全，尽早清退群租人员。经过多次整治，共清退群租人员近 2 000 人，关闭房间 620 余间，牢牢守住了安全底线。在清退群租人员的基础上，针对违法建筑，工作组制定了“自拆+助拆+强拆”的“三拆”方案。搭建违法建筑，本身就是违法行为，“拆违”必须理直气壮。在开展“拆违”工作时，工作组坚持一律不给赔偿、补偿，同时鼓励自拆，让业主主动自行拆除违法建筑。对于自拆确有困难的业主，组织力量协助其拆除违法建筑，最大限度减少矛盾。共实现自拆、助拆违法建筑 6 000 平方米。

针对违法经营和违法排污现象,工作组协调相关职能部门,通过严罚严管、蹲点驻守和巡逻巡查相结合的方式,重点加强该区域跨门营业、乱设摊、夜排档、生产生活排污、道路扬尘等现象的治理,并强制关停存在环境安全隐患的无资质单位。同时积极动员企业、在地单位设置门岗、增聘保安,增强安全防范意识。主要通道实施封闭式管理,减少闲杂人员进入,为巩固虬江地区综合治理的成果打下坚实的基础。

巩固成效重在长远规划,生态环境综合治理不是表面功夫,重在建立长效管理机制。杨浦正积极研究该地块的后续开发利用。据悉,由于虬江地区地处杨浦滨江北段,将考虑充分利用打造上海科创中心重要承载区、全国双创示范基地和滨江开发的重大机遇,把该区域建设成创新创业要素集聚、生活服务配套合理的功能区,既巩固整治成果,建立常态长效机制,又能为杨浦的创新转型发展注入新活力。

2. 做好户外违法广告治理

杨浦区被列入上海市违法户外广告设施共有 17 个点位、34 块户外广告牌,数量为近年来之最,其中半数以上的点位广告体量超过 200 平方米,主要分布在内环、中环沿线,也被列入市重点督办任务。为确保首届中国国际进口博览会顺利召开,按照《关于开展 2018 年本市违法户外广告设施整治的通知》,杨浦区绿化市容局主动与街镇、城管部门研究督办点位的具体情况,提前约谈广告商,赴现场仔细踏勘,商讨拆除方案,力争在 6 月底前 100%完成所有整治任务。

在整治过程中,做好夜间施工安全预案,在确保居民正常通行不受影响的前提下,最终安全拆除户外广告牌,做到施工不扰民。松花江路 2 号,是东风棉业有限公司的厂房,屋顶上有 3 块大型广告牌,总面积达到 500 平方米,通过使用 30 吨吊车,动用了 20 名工人,共用了 3 个晚上,最终安全拆除了这处大型广告。逸仙路 1001 号屋顶的 3 块广告设施由于地处逸仙高架旁,系交通重点区域,只能允许施工作业安排在晚上 11:30 至凌晨 5:00 的时间段。对此，用两个深夜时段，安全顺利地完成拆除任务，确保市民正常交通出行。

3. 军工路扬尘污染治理成效显著

军工路位于上海市区东部，背靠黄浦江，跨杨浦、宝山两区，南起平凉路，北过逸仙路，直达长江路，全长约 10 公里有余，是集装箱卡车、土方车等大型车辆的必经之路。由于不少搅拌站和建材码头沿江分布，这里成了建筑泥沙运输的重要通道，长期以来造成的污染很严重。军工路和其他 19 条马路一起，被列为全市扬尘重点路段。为了彻底改变“灰头土脸”的状况，杨浦区绿化市容部门购买了价值 2 000 万元的专业设备。每次清理，先由冲洗车打湿路面，随后六七名环卫工人人工铲除地上的泥浆，最后，再由一辆扫路车收尾。这种“集团化作业”的强力清扫模式，每周为军工路进行三次全方位的“大扫除”。不仅如此，就连日常保洁的洒水频率也要比常规道路翻个倍。日复一日，军工路终于见到了马路的“本色”。

此外，杨浦区绿化市容部门联手区公安分局、区建交委等部门从源头入手，对运输企业加大管理力度，减少大型车辆的跑、冒、滴、漏问题。相关管理部门继续加强整治力度，有效开展联动检查，把扬尘污染控制在源头，把扬尘整治的工作落实到每一个企业、每一辆土方车。区绿化市容部门还自我加压，将强力清扫的道路范围扩大到重点路段周边 500 到 1 000 米，进一步做好扬尘治理工作，使整条军工路能够长时间保持整洁卫生的状态。

二、 构筑良好的生态环境

（一） 以社会治理的理念，指导生态环境整治

2013 年，党的十八届三中全会提出“加快形成科学有效的社会治理体制”的任务，并明确要求“改进社会治理方式”“创新社会治理体制”“推进国家治理体系和治理能力现代化”，至此，“社会治理”取代“社会管理”。2015 年，党的十八届五中全会提出了“完善党委领导、政府主导、社会协同、

公众参与、法制保障的社会治理体制，推进社会治理精细化，构建全民共享的社会治理格局”，使社会治理更加标准化、科学化、规范化、人性化、精细化。

近年来，上海市先后出台了《创新社会治理，加强基层建设》的“1+6”文件，其中出台的生态环境治理的文件有：《关于进一步加强本市部分区域生态环境治理工作的实施意见》《关于进一步推进本市第三轮（2017 年度）生态环境综合治理工作实施方案》，生态环境治理着力要破解的是“为什么治”“治什么”“怎么治”，从外在层面看，体现为“体”，即有形的国家生态保卫战，关系到国家可持续发展；从内在层面看，体现为“魂”，即区域环境整治是一场攻坚战，关系到人民对美好生活的追求和实现中华的复兴之梦，一外一内，一体一魂，共同建筑起区域生态环境整治，建设美丽家园的构架和路径。

（二） 党建引领是区域生态环境整治的根本保证

党的基层组织是党在基层社会的战斗堡垒，是党的全部工作和战斗力的基础。中央组织部《关于加强街道党的建设工作的意见》明确提出：“居民区党支部是居民区各种组织和各项工作的领导核心。”上海市委《关于全面加强城市基层党建工作的意见》提出要坚持党建引领下的“四治一体化”推进，加强党的政治引领、思想引领、组织引领、工作引领，以自治、共治为基本载体，以德治、法治为支撑保障，构建党建引领的自治、共治、德治、法治一体的基层治理格局。

党的十八届五中全会就加强和创新社会治理作出了全面部署，提出了“完善党委领导、政府主导、社会协同、公众参与、法治保障的社会治理体制”，强调党委领导，凸显了党建引领，这是筑牢党的执政根基的根本保证。各级党委领导是区域生态环境整治的领导保证，代表了最广大人民的根本利益，最能兼顾地区、部门、群体、公民之间的社会治理利益关系的协调发展,最能动员整合各方面资源。

(三) 区域生态环境整治必须以人民的利益为中心

民生是人民幸福之基、社会和谐之本。习近平总书记指出:“我们的人民热爱生活,期盼有更好的教育、更稳定的工作、更满意的收入、更可靠的社会保障、更高水平的医疗卫生服务、更舒适的居住条件、更优美的环境,期盼孩子们能成长得更好、工作得更好、生活得更好。”这十个“更”充分体现了党中央把民生工作作为根本任务,要求抓住人民最关心、最直接、最现实的问题这个根本坐标和出发点,一件事情接着一件事情办,一届接着一届干,锲而不舍向前走,人民群众才有更多的获得感。

杨浦区经过40多年的改革开放,在经济和社会建设取得了很大的成绩,人民的生活质量不断提高。在发展的同时也积累了大量的生态环境问题,老问题尚未解决,新问题接踵而至,已成为区域生态治理的明显短板、民生之患、民生之痛。老百姓过去“盼温饱”“求生存”,现在“盼环境”“求生态”。建设生态文明是关系人民福祉、关系民族未来的大计。必须把生态文明建设摆在全局工作的突出地位,在区域生态治理中必须清醒认识到建设生态文明与社会治理的重要性和必要性,切实增强责任担当,坚持问题导向,加强统筹,形成合力,使蓝天常在、绿水长流、空气常新,让杨浦的人民群众在良好生态环境中生产和生活。杨浦区通过实施市重点区域和区重点区块相结合的综合治理,集中开展了聚焦“五违四必”的拆除违章建筑的环境整治,落实市委书记李强提出的继续坚决抓好“五违四必”区域环境综合整治、无违建居村(街镇)创建、城乡中小河道综合整治等补短板工作,以解决社区百姓“最后一公里”难题。

三、依托“大联动”工作平台,加强生态环境综合治理

为“增强人民获得感”,围绕创建全国文明城区的目标任务,依托“大联

动”工作平台，利用“网格化”管理资源，条块结合、无缝对接，有序推进工作。按照《杨浦区2018—2020年环境保护和建设三年行动计划》，杨浦区开展了全区的第三轮生态环境综合治理工作，进一步加强了环境基础设施建设，生态环境质量显著提升，环境治理能力现代化取得重大进展，初步建立了以“产业低碳化、能源清洁化、环境绿色化”为特色的生态文明建设新模式。

（一） 成立强有力领导机构，完善考核机制和责任追究制度

根据市政府的统一部署并结合杨浦的实际，杨浦区第七轮环保三年行动计划共设水环境保护、大气环境保护、土壤污染防治、固体废物污染防治、工业污染防治、生态环境保护与建设专项、循环经济与绿色生活、生态文明体制改革与保障措施8个专项52个项目。

为了确保52个项目任务的完成，成立了由区委书记李跃旗，区委副书记、区长谢坚钢担任组长，区委常委、副区长王桢担任常务副组长，区政府其他副区长担任副组长，区各相关部门、单位为成员单位的区生态环境综合治理推进领导小组。同时，建立和完善考核机制和责任追究制度，主要是建立领导干部任期生态文明建设责任制，完善节能减排目标责任考核及问责制度，实施最严格的环境保护制度。对违背科学发展要求、造成资源环境生态严重破坏的要记录在案，实行终身追责。同时，强化重大决策和建设项目公众参与，完善环境保护举报制度，加强环境保护的社会监督。

（二） 加强重点区块生态环境综合治理，注重体制机制创新

按照“连片整治，滚动推进、整体转型”的思路，在连续多年推进重点薄弱地区整治的基础上，要求生态环境综合治理每个街道明确一个市级或区级地块和一个街镇级地块。

具体目标任务：一是2个市级重点区块，具体为：江浦路街道，蒋家浜及周边地区；控江路街道，控江路1197弄和双阳二村。二是14个区级区

块,诸如定海路街道,海州路二级旧里,复兴岛百联仓库;大桥街道,二级旧里黄兴路西北块,二级旧里宁国路东南块;平凉路街道,扬州路创意园区;延吉新村街道,延吉四村敦化路地段;长白新村街道,东走马塘、外虬江河道(南岸);四平路街道,鞍山支路及鞍山路310弄;殷行街道,包头路929—935号;五角场镇,黑山路军管区五角场镇段,闸殷村;新江湾城街道,国权北路1001号北侧烂尾楼区域等。三是9个街道(镇)级区块,具体为:平凉路街道,杨树浦路港周边;江浦路街道,辽源西路睦邻中心周边;控江路街道,凤城二村老旧小区;延吉新村街道,东走马塘(南岸)及松花江区块;长白新村街道,春江路养老院周边;四平路街道,永乐家电本溪路店周边;殷行街道,殷行路39号周边;五角场街道,小吉浦河三门路周边;新江湾城街道,国政路南端区块。

具体工作步骤:一是确定治理地块阶段。通过开展巡查排摸,区综管中心会同相关委办局通过数据分析、现场核验等方法综合考虑,核定街道(镇)生态环境综合治理目标区块。二是开展综合治理阶段。区生态环境综合治理推进领导小组办公室会同相关部门负责综合协调,各街道(镇)对确定的生态环境综合治理区块组织开展综合治理,条块结合,联动整治。三是评估验收阶段。各街道(镇)认为相应市级、区级区块整治完成,向区生态环境综合治理推进领导小组办公室提出验收申请。区生态环境综合治理推进领导小组将生态环境综合治理工作纳入街道(镇)党政领导班子年度绩效考核,并作为“一票否决制”。

杨浦区通过持续推进本区生态环境综合治理工作,提升了整体生态环境质量,有效地改善了群众生活环境,让人民群众切实感受到生态环境的持续改善,为杨浦建设上海科创中心重要承载区和创建全国文明城区打下坚实基础。

(三) 创新机制,聚焦薄弱地区补短板

杨浦区针对通过整治但收效甚微的区域出现反弹有的甚至演变为“城

中村”的问题，在研究了历年来本区居民反复投诉的重点、难点问题，通过明察暗访、街镇上报等方式，反复梳理，从中确定了 30 个重点薄弱地区综合治理的点位。区委、区政府要求，必须举全区之力、攻坚克难，做好杨浦生态环境综合治理工作。其主要经验和做法：

1. 创新机制，全力开展重点区块整治工作

对全区整治难度最大、区块面积最大的虬江地区上报到市里，被纳入全市第二批 17 个市级地块的范畴，该地区占地面积约 2 平方公里，是 2016 年上海市中心城区市级挂牌整治面积最大的地块。同时将整治难度高、问题突出的 14 个地块（含市级区块）列入了区级整治的范畴，直接由区四套班子领导牵头，突出了区委、区政府“做表率、破难题、补短板”的引领作用。另外 16 个街镇级重点薄弱地块，由街镇层面牵头解决。建立了由区委、区政府重点工作专项督办，区委办、区政府办定期督查与监察局行政效能监察督查相结合的挂牌督办督查机制，确保了全区面上的整治工作按照“目标清、职责清、结果清”的要求有力、有序推进。

2. 明确责任，整体推进重点整治工作任务

对“14+16”重点薄弱地区的每个点位都落实了领导责任、属地责任、监管责任、主体责任“四位一体”的责任体系，并纳入区委“一线工作法”集中为民行动的范围，实行“销账式”的整治。通过加强媒体宣传，对涉违企业做到了宣传动员全覆盖，并在现场张贴了包含分工职责、整治时限、整治标准、责任人等内容的“施工铭牌”，彰显政府决心，在全区面上营造了整治工作强大的声势和良好的氛围。同时，因时制宜，依法推进。根据整治不同阶段的主要矛盾，制定了“三清两提升”（清人、清房、清业态，提升环境、提升业态）的工作步骤和策略。对拒不自拆且严重影响安全和市容环境的违法建筑，实行快速“强制代履行”。在不给任何赔偿、补偿的原则下，按照边排摸、边取缔、边拆违、边整改的节奏滚动推进。整治后期，重点聚焦环境清理和自我管理机制的建立。

3. 无缝对接，确保区域环境长效常态管理

为保持整治效果的长效常态，杨浦区严格按照上海市城市综合管理推进领导小组的标准，将各项工作落细、落实，注重加强无缝对接。要求政府职能部门与市有关部门“上下对接”；职能部门与街镇的“左右对接”；目标任务确定后的“前后对接”等。“无缝对接”落实到具体工作上，就是要求政府部门、各街道（镇）和相关单位齐心协力，重点抓好跨门营业、乱设摊、夜排档的整治；生产生活排污、道路扬尘的治理；违法生产经营、无证无照取缔；安全生产违法行为的查处；道路修筑及铺设、河道治理；垃圾清运、绿化种植、养护和道路栏杆清洁等各项工作都得到有效落实，从而在确保不反弹回潮的基础上，努力实现整体环境的提升。

经过一年多的集中整治，从根本上解决了违法建筑、违法经营、违法排污、违法居住等城市管理顽症，生态环境质量整体提升，提前并顺利通过市里的验收。30 个薄弱地区已完成整治并通过公众满意度测评。围绕生态环境整治，全区拆违 36 万平方米，实现了“环境明显改观、秩序明显好转、安全隐患消除、群众满意提升”的整治标准。

四、 建设“美丽家园”，率先在全市推进垃圾分类

杨浦区是上海市最早进行城市垃圾分类的试点区，2017 年制定了《杨浦区单位生活垃圾强制分类实施方案》，取得较好的成效。2018 年，上海市选择杨浦等 6 个区推进整区域的全程分类工作，3 月 26 日，上海市副市长时光辉带队赴杨浦调研城市垃圾中转站分类收运的相关情况。5 月 30 日下午，上海市委副书记、市长应勇赴杨浦调研生活垃圾分类减量工作，先后现场踏勘了政立路 711 弄小区、尚浦名邸及杨浦区干湿垃圾中转处置点，分别了解生活垃圾源头、中转、末端的情况。应勇市长要求杨浦区按照市委、市政府的决策部署，咬住目标不动摇，高标准、高质量实施垃圾全程分类，用 5 年左右时间，基本解决城市垃圾综合治理问题。杨浦区相关部门加紧研究出台相关政策，激

励积极推进区域生活垃圾全程分类工作，努力探索并形成整区域推进生活垃圾全程分类的典型经验，为全市实现生活垃圾分类全覆盖树立样板。

（一） 建立机构，加强领导

目前，从经济、金融、航运、贸易、科技维度和指标来考量，上海与纽约、伦敦、东京、巴黎等世界一线城市的水平已不相上下，差距不大。据最新的一份权威调查数据显示：上海目前生活垃圾焚烧占比约 36%，填埋处理约 50%左右，生活垃圾循环利用的比例小于 10%。而伦敦的这三个比重分别大约为 40%、30%、30%，东京大约是 75%、3%、20%。但在城市垃圾分类上，与“纽（约）、伦（敦）、东（京）、巴（黎）”四个世界一线城市相比，差距不仅存在于垃圾分类基础设施上，更表现在城市垃圾分类的细节上。

2018 年 10 月 16 日，杨浦区召开生活垃圾分类减量全覆盖工作推进大会，区委书记李跃旗同志提出，要贯彻落实好党中央国务院和市委、市政府关于垃圾分类工作的决策部署，在前段工作基础上，举全区之力，全力以赴推进杨浦区生活垃圾分类减量全覆盖工作。李跃旗书记要求抓好发动、及时互动、注重联动、整体推动，形成强大合力，做到三个“加强”，即加强组织领导、加强宣传发动、加强各方联动。

城市垃圾分类是一项系统性社会工程。为此，杨浦区成立了以区长为总召集人，分管副区长为第一召集人，由 20 个委办局及 12 个街道镇组成的联席会议，配置了 2 200 余名分类指导员、1 500 余名分拣员协助推进，并基本建立了生活垃圾分类收集—运输—处置保障体系。杨浦区提出要以钉子精神抓推进、抓落实，绵绵用力、久久为功，以杨浦城区生态环境改善的实际成效取信于民、造福于民，为上海建设卓越的全球城市作出新的更大的贡献。

（二） 落实保障措施，推进杨浦城市垃圾分类

杨浦区城市生活垃圾分类是以“减量化、资源化、无害化”为目标，按照

“全生命周期管理、全过程综合治理、全社会普遍参与”的理念，形成了以法治为基础，政府推动、全民参与、市场运作、城乡统筹、系统推进、循序渐进的生活垃圾管理体系，全面提高实效，加快建成生态之城。

1. 将生活垃圾分类工作纳入居民区党组织管理工作职责

初步形成社区党组织、居委、物业、业委的“四位一体”合力抓实四级生活垃圾分类工作联席会议制度，特别是落实街镇联办及居(村)委每1—2周的垃圾分类工作分析评价制度，发挥居民自治功能，充分调动居民积极性和主动性。在具体保障举措上：一是打通生活垃圾分类处理产品出路。对湿垃圾资源化设施建设按照项目开工时间段，分档定额补贴。做好湿垃圾资源化利用产品作为有机肥的可行性研究，今年将研究落实生活垃圾焚烧设施建设投资补贴政策，打通生活垃圾分类处理产品的出路。二是在落实“不分类、不收运、不处置”的基础上，拟研究制定“湿垃圾不收费，干垃圾合计成本收费”的经济激励形式，以加强引逼单位分类。三是推进区参照市生活垃圾处理按质收费制度，落实区处理设施对街镇的品质控制和奖惩措施。

2. 发挥绿色账户激励机制作用，推行生活垃圾定点分类投放管理模式

目前杨浦已建成121个两网融合服务点，投放近300台智能化自助回收设备，并提供全天候的可回收物智能化回收服务。杨浦已初步建立了一整套智能化两网融合服务体系，自主研发并推出了智能自助回收机，覆盖区域内两网融合各网点，用以满足可回收物的定点全天候自助回收需求。并建立装修垃圾清运市场信息共享机制，通过公共服务微信号、App服务平台，实现装修垃圾清运联网联动服务，提高及时清运率，居民只需将可回收物运至此处，相应的积分就会自动进入个人账户，积分既可以兑换礼品，还可以在微信一键提现。杨浦将围绕“生活垃圾分类全面覆盖格局基本成型、生活垃圾分类体系基本建成”，进一步巩固生活垃圾整区域全覆盖。

（三） 围绕杨浦特点，形成杨浦垃圾分类经验

垃圾问题是大城市普遍面临的一大难题，也是上海作为超大城市必须直面和高度重视的问题。垃圾综合治理，要推进源头减量、全程分类、末端资源化利用和无害化处置能力大幅提升。要整体推进，不是搞一两个小区做盆景，而是要整区域推进。上海在以往的试点中，分类标准有过多次变化。此外，分好类后垃圾车却混装拉走，挫伤过很多居民的积极性。此次试点杨浦区明确为“四分法”，包括可回收物、有害垃圾、湿垃圾和干垃圾 4 种。同时明确全程分类：单位和个人要源头分类，物业公司要分类驳运，收运企业要分类收集和运输，最后处置企业要分类处置。

1. 加大垃圾分类宣传，提高居民的参与率

做好城市垃圾分类，在政府层面，从原来环卫部门的部门主管变成政府各部门的联动，投入资金对于现有垃圾分类配套设施进行补足和更新；在社会层面，是市民社会自下而上的参与和创新，实施垃圾分类成为市民的自觉行动；在企业层面，是加强市场化的变革，体现企业的社会责任。杨浦区在试点中涉及居民区有 927 个，有 44 万户家庭要实施垃圾分类。同时，杨浦又是一个小区形态较为多元的城区，既有中高档的商品房小区，又有老的工人新村，同时还有二级以下旧里，基础情况各不相同，对垃圾分类工作提出了很大的挑战。为此，必须动员全区市民积极参与，才能使垃圾分类试点取得成功。

垃圾分类工作看上去是件具体而微的小事情，却事关生态文明建设大局、事关城区美好形象、事关群众品质生活，意义重大。2018 年 9 月起，上海市将每月 5 日定为“上海市生活垃圾全程分类主题宣传日”。杨浦区每月推出垃圾分类主题日宣传活动。通过媒体报道、现场表演、宣读垃圾分类承诺书、倡议书、赠送垃圾分类宣传资料、评选杨浦区 10 位“最美生活垃圾分类达人”等宣传活动，在全区形成浓厚的城市生活垃圾分类的气氛，以吸引市民驻足了解，从而达到全力支持和积极参加垃圾分类工作的目的。

2. 坚持城市垃圾定时定点投放

杨浦区日均垃圾量在1 050吨左右。打个比方，1 000吨的日均垃圾，一天可以铺满4个五角场广场，10天就可以铺满一个杨浦公园。如果杨浦区都实施垃圾分类，杨浦的垃圾可以减量30%。定时定点本质上是对垃圾的集中管理，便于收集和清运。所以总体来说具有非常积极的意义，国外发达城市都是这么做的，我国的厦门也已经这样做了，取得了很好的效果。但是在这个过程中，由于定时定点，时间受限制了，可能会对居民带来不方便，短时间内承受不了。杨浦区在尚浦名邸小区试点取得了满意的效果，小区全体居民都参与了垃圾分类。现在垃圾每日减量约35%，另外投放准确率达到了99%左右，可以说尚浦名邸是上海年度“网红”垃圾分类小区。

而大桥街道的城市垃圾定时定点投放经验值得借鉴。大桥网格绿化市容事务中心联手环卫作业队围绕平凉路以南的重点路段、中小道路商铺集中区域开展沿街商铺生活垃圾定时定点上门收集工作。确定垃圾上门收集的路段为：平凉路（兰州路—宁武路）、宁武路（平凉路—杨树浦路）、杭州路（兰州路—宁武路）、三星路（平凉路—杭州路）、松潘路（杭州路—杨树浦路）、临青路（杨树浦路—平凉路）、眉州路（杨树浦路—平凉路）、沈阳路（兰州路—宁国路）、渭南路（杨树浦路—平凉路）、广州路（兰州路—眉州路）。为使城市垃圾定时定点上门收集顺利进行，大桥街道还坚持做到以下两点：一是对沿街商户做好《责任区管理办法》入户宣传。发放宣传资料，目的是加强责任区管理制度的落实；二是发放《垃圾上门收集制度告知书》。约定沿街商铺垃圾容器放置于店内或店外，道路保洁人员每天上、下午各一次为商铺收集或商铺自行将垃圾投入环卫道路保洁人员的小推车内，并为有需要的商铺配置垃圾容器，指导沿街商铺做好垃圾上门收集工作。目前，大桥街道的经验很快在全区各街道（镇）得到推广。

3. 将垃圾分类行为纳入社会诚信体系

自1996年起，上海就自行开展了多轮生活垃圾分类试点，到2000年，上海成为国家首批生活垃圾分类试点城市。为了确保试点取得成功，自2014年起，上海市政府就先后出台《上海市促进生活垃圾分类减量办法》等十个政策文件，但由于没有用法律法规推行垃圾强制分类制度，取得成效不大。2019年7月1日，《上海市生活垃圾管理条例》出台，这意味着上海在生活垃圾强制分类上真正和世界一线城市接轨。此次制定的《上海市生活垃圾管理条例》的出台，标志着上海生活垃圾分类已选择转守为攻，将开展史上最严的“垃圾分类革命”。

考虑到城市垃圾分类工作在杨浦区基础比较薄弱，为把执行《上海市生活垃圾管理条例》落到实处，杨浦区根据试点的实际，主要从三个方面入手：一是建立小区垃圾分拣员。在垃圾分类的起步阶段，由于所有居民的自觉性还没有达到百分之百，还需要分拣员辅助分类，主要是为了提高垃圾分类的质量。但这是阶段性的，当所有人都养成习惯而且分类得很好时，辅助分类的分拣员就会退出这个舞台。二是将垃圾分类行为纳入社会诚信体系。对不遵守垃圾分类的行为纳入个人诚信管理，使这些人的行为受到舆论和外界的监督，有的甚至为之付出个人信誉的代价。三是对拒不按照《上海市生活垃圾管理条例》执行，经过多次教育无悔改的给予法律的制裁和经济处罚。据悉，截至2019年7月6日，全市城管执法部门共开展执法检查9 600次。其中，分类投放环节共检查居住区、宾馆、商场、医院、园区等单位1.28万家次，个人8 253人次，共教育劝阻6 704起（其中单位3 456起、个人3 248起），责令当场或限期整改3 367起（其中单位2 552起、个人815起）。

第五章

杨浦“文明发展”的社会秩序

考察人类文明的历史进程可以从多个角度展开，其中信用是重要内容之一。人是社会性的动物，需要相互依赖、相互合作、相互交换，这就产生了相互信任的要求，产生了信用的需要。人们在建立自己的道德文明的同时建立了信用道德，以保证社会的正常运行。人的社会化愈益普遍，社会交往愈益复杂，信用文明也就愈益进步。

一、 城市文明的秩序建构

伴随城市化进程的深入，城市逐渐成为我国大多数人生存、生活和发展的共同体。在某种意义上，这一共同体是以对城市文明的追求建构其发展秩序的，从而城市文明日益彰显出其引领城市发展走向文明、和谐、有序的秩序价值及功能。在理论上深入思考现代城市文明的秩序内涵、秩序建构及其实现路径，对提升城市文明建设与管理的自觉性、推动我国城市文明创建，具有十分重要的现实意义。

（一） 城市文明的内在秩序

城市文明的秩序，其内涵是指在城市空间区域里，由“物”的文明、“人”的文明和“制度”的文明三大构成要素之间形成的相对稳定的关系模式和结构化状态。

1. “物”的文明

文明是指人类脱离野蛮的过程、状态,而人类脱离野蛮的起点则表现为人类对自然世界的改造。人造物品是劳动创造的结果,凝结着人类的智慧,是人类本质的对象化,它表达着人类改造自然界实践活动的目的合理性与社会正当性,表征社会的发展与进步。因此,任何文明都必须有自己的物质形态,任何文明都必须由那个时代所创造的物质性产品表现出来。用物质形态或物质性产品承载文明、表现文明,这就是我们所说的“物”的文明。通过对“物”的评价判断,我们可以看出文明的水平层次。

城市完全是人类创造的产物,城市本身即文明。正如著名学者芒福德所言,城市文明是创造和控制的奇妙综合,是扬与抑、张和弛的奇妙综合——城市从其起源开始便是一种特殊的构造,这种构造致密而紧凑,用最小的空间容纳最多的设施,同时又能扩大自身的结构,以适应不断变化的需求和社会发展更加繁复的形式。在此意义上,城市文明是“物”的文明,是一种人化的物理空间。在这一空间里,建(构)筑物、道路、绿化及城市公共设施等多种物质性元素合理配置,以满足城市居民生活、生态、安全、审美及文化等多方面的欲望和需求,从而为城市人居功能的实现提供了必要的物质依托。由此可见,“物”的文明是城市文明的基础性物质条件。

2. “人”的文明

城市文明是生活于城市中的人所创造的,城市居民是城市文明的主体,他们的文明需求、文明实践及文明素质决定着城市文明的秩序水平,是城市文明秩序形成的内在动力因素。居民的文明素质是居民在长期的学习、工作和生活实践中逐渐形成的,包括思想道德、知识、文化、心理、交往与发展等方面潜在的能力,它是一种内在的素养,一般通过自身的形象和行为在现实中展示出来。居民的文明素质水平不仅表现为思想道德、知识文化等方面所具备的良好修养,而且还表现为“文明”的思维模式、生活方式和行为习惯。

对城市社会来说,公共文明素养的形成和发展是一个历史过程,这个过程正是居民个体的文明实践过程。离开了这种实践过程,对居民素质的“文明”性就很难有共同的评判标准,也无法引导、凝聚城市社会朝着“文明”的方向发展。因此,当居民在接受“市民教育”时,值得重视的是引导他们参与、体验和享受公共的文明生活。这种“公共化”过程实质上是一种“文明化”的过程,它是建立在对居民文明素质形成的群体性、实践性和社会性等规律的认知之上的。总之,城市居民是城市文明秩序的建构者、参与者、维护者和享用者,在建构、参与、维护和享用城市文明秩序的过程中也不断地建构着自身文明的自主性和自觉性。

3.“制度”的文明

按照马克思主义观点,人的本质并不是单个人所固有的抽象物,在其现实性上是一切社会关系的总和,调节这些社会关系靠的就是制度。也就是说,正是有了制度,人与人、人与物、人与自然、人与社会才会按照某种方式联结起来,形成一切现实的社会关系。因此,制度是人们处理社会关系实践的产物,社会关系是制度的内容。人们的社会关系和社会交往活动只有依托于一定的制度时,才能摆脱随意性和不可预期性,可以说制度对社会健康发展的适应程度就是制度文明的现实表现。

对城市而言,制度是与城市的产生相伴而生的客观现象,制度文明是以城市活动最大限度地满足城市人的生活需要、满足城市发展的需要为旨归的。城市社会本质上就是一个由制度构建的复杂系统,纷繁复杂的城市生活、城市发展是由法律、宗教、伦理道德、习俗乃至组织、行业、规章、信任与合作等一系列制度规范来调节和维系的。这些制度规范不仅调节和维系人与人、人与社会之间的利益关系,而且还调节和维系人与物、人与自然、当代与后代、现实与未来之间的利益关系,制度规范的文明程度归根到底取决于这些利益关系之间的和谐相融程度。通过对制度“文明”的检验,我们可以看出城市社会的文明进步程度,因此,“制度”的文明在文明秩序形成中始终处于核心地位,成为城市文明系统有序运行的“枢纽”。

在上述意义上,“物”的文明、“人”的文明和“制度”的文明既相对独立又结构化关联,其中,“物”的文明是物质条件,“人”的文明是创造的主体和内在的动因,“制度”的文明是保障乃至各种“文明”联结的“枢纽”。只有这三个“文明”有机联结、均衡发展,城市社会才是健康的,才会显示出较高的文明秩序水平。当且仅当此时,整个城市社会便形成了一个强大的“制度”系统,蕴含并无时不在发挥着一种建构文明秩序的力量。

(二) 城市文明秩序的建构

城市文明是一种价值判断,更是一种价值实践,它的实践体现在对城市发展过程的引导、对城市社会文明和谐秩序的建构上。我们要善于从“文明”上来审视,以“三大转型”为起点,来建构城市文明的秩序。

1. 从“发展崇拜”向“发展文明”转型

当前,新发展的理念已成为现代社会的核心主题。尽管对新发展内涵的理论在认识上要不断深化,但在发展的实践中往往仍以“物质”和“效率”为追求目标,俨然只要快速发展就能解决贫困等诸多社会问题,满足人们提高生活质量的诉求,这种发展崇拜并没有带来人类幸福的普遍实现。一方面,发展给人们追求世俗生活提供了重要的物质基础和合理性;另一方面,发展对知识、信仰、自然等神圣性的全面消解和祛魅却给人们带来深刻的精神危机、信仰危机乃至社会的文化危机,从而导致人们的幸福感不升反降,出现了一种“人的异化”或者“反发展”现象。

发展文明就是高尚的精神文明和城市发展的现代化,就是实现城市物质、管理和精神生活的现代化。其主要表现在:一是高度发达的社会分工与协作。包括城市内部与城市之间的分工与协作。二是城市生产、交换过程和活动的高效化、现代化。三是基础设施高能化。包括道路、交通(国内与国际)、通讯、供排水、供电、供气等现代设施极为灵敏、便捷和通畅,公共服务设施充足齐全，方便高效。四是生态环境优质化。污染得到防治，绿化面积有保障，生态系统保持良性循环，市民生活在一个清洁、优美、舒适、宁静和无害于健康的空间环境。五是城市治理精细化。包括城市规划建设、社会服务、劳动就业、治安、防灾、市政管理等各项管理工作井然有序，并逐步实现智能化管理。

进入新时代，在现代化和民族复兴的双重变奏下，要在发展目标、发展路径、发展伦理、发展价值观等深层次上建设性地批判和反思现代发展模式的危机，并树立起符合城市文明要求的新的发展模式，实现“物”的发展、“人”的发展与“制度”的发展三者并举、整体推进。

2. 从“城市化”向“城市文明化”转型

城市化是一个以人为中心的系统转化过程，内含着从传统社会向现代社会全面转型，这就要求在中国城镇化进程中经济基础建设、社会制度建设和人的素质建设三大系统统一协调均衡推进。在本质上，城市化至少有三层含义：一是城市化水平与社会生产力发展保持一致，即随着城市人口比重的增加，城市的物质基础、产业结构及科技水平相应提升；二是城市化水平与城市的公共服务、文化娱乐服务等保持一致；三是城市化意味着人的城市化，即实现人类从传统落后的乡村文明向现代工业文明、后工业文明转变，实现人的社会意识、价值观念、文化素质、生活方式和人际关系等向现代文明转变。

城市化是城市系统动态的变迁过程，表征着城市文明的形成与发展。毫无疑问，中国当前的发展是以城市化、现代化为显著特征的，无论是在规模上还是在速度上，中国正经历着史无前例的城市化运动。在这个意义上，我国的城市化应该是城市文明化的过程，它不仅体现为城市元素的聚集，更体现在现代城市的内在质性上——通过城市化实现良好的经济建设、社会制度建设和人文目标，从而赋予城市化的“发展文明”本质，使城市化具有深刻的文明内涵和文明品质，从而更好地实现城市文明和谐和“城市让生活更美好”的期待，以从容地迎接“城市时代”的到来。

3. 从“创制”文明秩序向“自觉”文明秩序转型

由于中国的体制特点,目前各城市主要凭借文明创建的体制和机制来试图建立城市文明秩序的。如多年来全国各地如火如荼地开展“文明社区”“文明城区”“文明城市”等创建活动。这种创建活动对城市文明秩序的形成功不可没,体现了中国特色,也进一步丰富了“中国经验”“中国模式”的内涵。但是,这样的文明秩序往往是表面化的,需要付出高昂的管理成本,表现出很强的行政依赖症和财政依附症。显然,这是一种外致的创制秩序,而不是内生的自觉秩序。

从文明秩序的生成机制来看,自觉秩序与创制秩序有着质的不同。创制秩序主要是出于社会控制的目的和愿望而“被创制”出来的,这种秩序是以低度复杂性和低度不确定性的社会结构为基础的,在等级化的“中心—边缘”结构型的组织社会里是有效的,而且往往是高效率的。但在面对开放、流动、“去中心化”的高度复杂性社会时,这种创制秩序就显得无比僵化,甚至失灵,难以满足城市文明的内在秩序要求。与“创制”秩序相比,“自觉”文明秩序是发生和存在于具备文明素养的平等、自由的行为主体的内心之中,它不是由政府或少数社会精英所创制的,而是由一切参与社会活动的人乃至文明社会所共同创制的。在这种秩序下,人的“文明”自主性、创造性不再受到压抑,并有了实现的空间和发展机会,生活会变得更加自由、快乐和文明。这样一来,不仅建构文明秩序的过程是自觉的,而且这一文明秩序本身就是存在于人的自觉性之中。

综上所述,以“自觉”文明秩序逐渐替代“创制”文明秩序,是社会结构性变化和人的自由全面发展所提出的要求,是符合城市文明发展内在规律的。

二、 交通与城市交通文明

(一) 交通与城市交通

享有“经济学之父”之名的亚当·斯密在《国富论》中曾有如此论断:

“一切改变以交通改良最有实效。”这是因为：交通运输关乎人类最基本的生产生活需要；交通运输是经济发展的先决条件和国家强盛的重要支撑；交通运输是联系国际和国内城市和乡村生产和消费的重要纽带。纵观人类文明史，交通方式的变革、工具的演进、技术的进步，一直是人类社会发展的重要推动力量。伴随着工业革命进程，人类通过变革交通，创造了文明历史。

历史上古代丝绸之路和海上丝绸之路的开通，密切了东西方文化贸易往来；“大航海时代”以及新大陆的发现，拓展了人们认识世界的空间。汽车、火车和飞机的发明，实现了人类日行千里、翱翔天空的梦想。交通科技的日新月异，开辟了交通运输一个又一个新纪元，促进了人口、商品、资本、信息的自由流通，使先进技术和生产方式广泛传播，推动了财富增长、民族融合、世界和平和发展。交通治理是全世界交通永恒的难题。未来交通将是先进科技的竞技场，新一代人工智能、新材料、新能源、生物技术等，都将在这些领域大显身手。特别是中国在高速铁路、高速公路、特大桥梁、特长隧道、深水筑港、大型机场工程等建设技术上达到了前所未有的水平。“复兴号”动车组、C919 大型客机等自主研制的交通装备也都渐入佳境。网络约租车、共享单车、无车承运人等新型业态不断涌现，也提升了人民群众的出行体验。

（二）城市交通治理是世界面临的永恒难题

当前，全球城市化进程正以前所未有的速度持续加快。迄今全球城市人口总和已经超过全球总人口的一半，预计到 2030 年全球城市人口将超过 50 亿，相当于全球总人口的 75%，甚至可能超过 80%。有资料表明，2001 年人口超过 1 000 万特大城市全球有 19 个，到 2015 年已增加到 60 个。

从全世界大城市历史上来看，几乎无一例外地都经历过和正在经历严重的交通拥堵。纽约在 20 世纪二三十年代的时候只有几十万辆车，街道拥挤不堪，更多的世界城市是在“二战”之后经济复苏时期，交通拥堵严重。

像伦敦、巴黎、东京等城市在 20 世纪 60 年代、70 年代都堵得非常严重。亚洲四小龙的大城市拥堵是在 80 年代、90 年代左右,典型的像首尔在机动车达到 200 万辆的时候,堵得也相当严重。相对而言,中国的大城市交通拥堵应该说才刚刚开始。随着城市人口迅速增加,导致车辆增多,给城市带来交通拥挤、环境污染与能源危机等一系列问题。世界上不少城市不同程度地存在着“乘车难”和“行路难”的问题。同时,带来环境问题高度聚集,城市生态环境遭到破坏,这对城市交通治理提出了严峻的挑战。

伦敦停车改革效果的经验表明,大城市交通拥堵治理必须坚持交通与城市协调发展,坚持优先发展公共交通战略,坚决对中心区小汽车实施因地制宜的需求管理,优化交通出行方式,鼓励绿色出行。停车管理是治理大城市交通拥堵的关键举措之一。东京、巴黎等城市交通信息化已成为出行的一部分,对交通产生了革命性的影响。未来交通将越来越智能,特别是无人驾驶技术发展速度惊人。共享汽车、共享单车,特别是无人驾驶汽车出现以后,预示共享时代的来临,未来城市交通变革可能是巨大的。大数据、人工智能和超级计算机的发展为破解交通拥堵难题提供了可能。

(三) 交通文化集中体现城市交通文明

文化有广义和狭义之分。广义文化概念乃是指人类之所以区别于动物的生存方式,在拉丁语中,文化(culture)一词是“耕种”“栽培”的意思。这种用法至今仍在以英语为母语的国家中使用。在这个意义上,人的存在就是文化的表现。文化建设作为精神文明的一个层次的内容,其社会文明的最重要的标志,尤其是它所体现出来的较纯粹的精神活动性,是一个民族的灵魂。

同样,交通文化作为现代工业文明的产物,必然有一种与外在文明形式相对应的内在精神体现,只有体现了这种精神,交通行业的文明才有方向和目标。例如“汽车文化”的概念,是针对汽车运输及汽车制造业在美国社会生活中的重大作用而产生的，是一种广义上的文化概念，是与经济、政治相区别的，突出人类精神生活与情趣的文化概念。交通文化具体可以指附着于交通设施之上的文化色彩，以及交通行业人员与旅行者的精神生活。此外，还包括交通史的研究、交通志的编纂、交通科学基础理论研究等。

交通文化是交通行业乃至整个社会精神文明程度的重要标志之一，是精神文明的重要显现。例如，唐山火车站广场上高高耸立的大型凤凰钢雕，其文化蕴含显示大地震后的唐山市犹如烈焰中展翅腾飞的凤凰，更加伟烈、壮观地站立在华北大地，使从火车上下来的旅客首先在精神上为之一振。又如，高等级公路优美的线型、立交桥梁的造型、公路两侧的如茵绿草和苍翠林带、车站与车厢内的装饰，都体现特定的情趣和审美追求的文化品位。还有一些交通设施，如遗留至今的古代栈道，乃至赵州桥、卢沟桥，等等，已经不仅仅是交通标志的存在，而且也是一种中国文化的展示。交通建设的经济主题固然不可改变，但同时附着的文化意义应当加强。这就需要通过精神文明建设来促进这一类交通文化的宣传、普及、扩展和提高。

三、从精神文明视阈看交通文明发展

（一）推动交通技术进步，提高职工技术素质

当我们考察全部人类历史与社会生活的现实基础即物质生产活动时，立即可以发现，交通既是社会物质运动或社会与自然之间的物质变化过程，也是人类精神活动的过程。精神文明的第一层次，乃是物质生产过程的技术手段与操作方法，其中包括生产工序、生产规则、劳动调配与纪律，等等。如果我们把物质文明看作全部人类文明的基础，那么也必然要把物质生产中的技术手段与操作方法看成精神文明的第一层次，看成精神文明结构中的基础部分，看成是衡量精神文明程度的第一把尺子。因为物质生产的技术手段越先进，社会整体文明程度的提高才具有更坚实的基础。

交通行政主管部门确定的科技教育兴交的战略方针已在贯彻实施。交

通经济体制改革与经济增长方式转变也将有力地推动交通技术进步。然而,行政与经济手段的推动作用,主要发挥在促进技术进步的外在形式上,如大规模引进技术装备。购买、引进先进的交通技术装备固然必要且有益,但人的技术素质、技术开发与创新能力都无法通过购买、引进而得以提高。据业内人士称,从德国引进全套汽车生产线后,其产品质量仍然达不到该设备在德国所能达到的水平。这个事实只能用人的技术文化素质差异来解释。在一切技术因素中,人的技术素质、技术开发能力与创新能力是最主要的因素,而工业化的最终完成必须依赖于国民技术素质的提高,技术装备的引进不过是一种权宜之计。否则,就只能是永远跟在西方国家后面亦步亦趋爬行。由此可见,必须在使用行政与经济措施的同时,更充分地发挥精神文明建设在提高广大从业人员技术素质方面的重要作用。就当前整个形势而言,还需要进一步地明确把提高职工技术素质作为精神文明建设在第一层次上的首要任务,掀起一场学习与刻苦钻研技术的精神运动,创造一种追求、迷恋技术创新的精神氛围,并确定相应的评价尺度,使之成为持久不衰的行业风气。

(二) 推动交通行业的科学化规范与职业道德规范

考察精神文明的层次,我们不难发现,它除了表现为精神与物质的统一外,还表现在社会经济生活、政治生活等广泛存在的社会规范、秩序、法则等方面,诸如政令、法律制度、社会体制、人事关系准则等,这是精神文明结构中的第二层次。

封建社会的政治法律制度、经济关系、社会政治活动规范当然也是人类文明发展的一个阶段。但这个阶段文明水准是十分有限的,无论是就它所能达到的物质文明程度,还是就它在激发人的潜能、保证人类活动的文明性质方面。但是在这样的社会之中,产生不了工业文明,人类活动的王国中,必然的属性远远大于自由的领域,即使引进现代生产技术,也发挥不了应该和可能发挥的作用。清朝末年的洋务运动并没有把中国推向工业文明就是明证。因此,健全一种能够充分发挥人的潜能、尽量减少社会内耗、尽量发挥人群整体效应的社会规范,乃是精神文明建设第二层次上的重要任务。

在交通行业中要做到,第一,推进交通行业的科学化规范。从总体上看,是指促进和保证交通运输业进入整体优化状态的一系列方针、政策、法规、制度、标准、章程以及相应的实施措施。具体地说,交通行业的精神文明建设应深入到规章、制度的制定、实施与监督过程中,以求更好地发挥行政与法律的作用,最终建立起科学的行业规范。第二,提倡改革的精神。我们应当提倡一种优化经济运行与有利于促进社会组织水平提高的主动积极精神,引导人们自觉地适应并配合体制改革的深化,而不是抗拒或破坏改革。所谓改革的精神,也是一种文明精神,实施改革、推动改革也就是精神文明建设的具体形式。第三,大力加强交通行业职业道德建设。首先要提倡积极主动的劳动态度与对工作认真负责的精神,提倡严格遵守生产工序与劳动纪律的自觉性。

(三) 建设交通文化,促进交通行业精神文明发展

交通文化可以引申为交通部门在各个历史时期创造的物质财富和精神财富的总和。交通文化是一种公益文化,这是由交通的行业属性所决定的,作为基础设施建设之一,交通所提供的是一种基础性的社会公益产品,它作为人流、物流的重要渠道、社会交往的重要纽带、对外开放的窗口,其等级标准、视觉景观、管理水平,都鲜明地反映了交通文化的发展程度对推动经济社会发展起着重要的先导作用,而作为交通文化的网络形态,交通设施的环境氛围、窗口面貌,交通管理的组织机构、制度建设、交通精神、文明形象对内是一种无形资产,对外是一个行业品牌。

交通文化的核心和灵魂,是形成交通文化的物质层和制度层的基础和原因,也是衡量交通行业是否有组织文化的关键所在。要想提升交通文化

软实力,全力提升交通精神文化建设是关键所在,而作为精神文化的组成部分,交通行业精神、交通行业理念、交通行业价值观、交通行业道德修养这四个方面要齐头并进才能提高交通行业文化建设软实力,而这需要以人为本做好以下几个方面的工作:

——突出个性。搞好交通文化建设,必须突出自己的个性,这就是弘扬铺路石精神。铺路石精神是由交通部门领导倡导、职工认同并能理解的群体意识,在生产实践中形成的职业思想、敬业精神和职业道德,是交通行业及其职工价值观的集中表现。铺路石精神能够反映培养"四有"职工所应有的爱祖国、爱社会主义、爱路、爱岗思想,是交通行业的思想支柱。同时铺路石精神是交通行业各种精神因素的凝结和融合。通过弘扬铺路石精神,可以把潜在于职工中的认识、信念、理想、追求凝聚为统一的群体意识,激发职工的责任感和使命感,充分发挥交通职工的积极性和创造性,促进交通事业的发展。如大庆工人之所以能在一片荒野上创造出人间奇迹,就是因为他们有铁人精神。铺路石精神是交通文化建设的核心内容。要培养良好的职业道德,增强敬业爱路意识。近年来,由于受社会上不良现象的影响,职工队伍中也出现了一些消极因素,在这样的情况下,加强职业道德建设尤其显得迫切和必要。

一是进行行业责任教育,使大家认识交通在经济建设和社会生活中的重要地位,增强责任感和荣誉感;二是进行传统教育,弘扬交通系统无私奉献的光荣传统;三是树立交通行业勤奋敬业、贡献突出的先进模范人物,从领导做起,从单位班子成员做起,模范引领、率先垂范,运用榜样的力量引导和感化大多数职工;四是走兴路富工的路子,采取综合治理办法,使单位和职工在市场经济条件下,尽可能增加积累和收入,满足职工的物质文化需要,缩小同其他行业的差距,从根本上稳定职工队伍;五是牢固树立以人为本,以车为本的观念。

——不断改善职工工作、生产和生活条件,解决职工的实际困难。各地开展的建设文明样板路活动，好路杯竞赛，创建全优、青年文明号、文明单位等活动，树立起了一批又一批交通行业先进单位，展示了自己的行业精神，职工队伍中培养和涌现出来的劳动模范、十佳道工、优秀党员、先进生产（工作）者等先进模范人物，是我们的骄傲和榜样，代表了行业形象，对加强交通行业的精神文化建设提供了不可替代的精神楷模。交通行业的价值观、宗旨、信念等，要得到全体职工的认可，就必须在养建生产一线推进，让广大职工在日常的生产中，在自己的岗位上都能深切感受到良好交通文化氛围的影响。寓教于文、寓教于乐，丰富职工的文化生活。交通文化是群体文化，只有依靠职工、发动职工，才能使其健康发展。

——全面提高交通职工的职业技能和物质生活水平。一个单位的地位、声誉如何，职工的物质生活与职业技能的高低是最为关键的。纵观历史上的著名企业，无一不是具有强大的技术实力。提高这方面的技能不仅能提高单位的知名度和地位，也能增强职工自豪感、凝聚力。而提高物质生活水平，同样也是提高地位与凝聚力的重要手段。这可以说是建设交通文化的基础。

四、 上海和杨浦区交通文明的治理经验和做法

（一） 超大城市上海交通治理的经验和做法

上海截至 2017 年底：常住人口超过 2 400 万，机动车保有量超过 580 万辆，中心城区的人均道路面积只有 4.5 平方米，远低于 7 平方米的国家标准。数据显示，最近一年来，上海市区主干高架路、核心商圈拥堵时间平均每天减少 1 小时以上，高峰时段公交专用道普遍提速 1 倍以上，①人们的出行体验正悄悄地发生着变化。第三方研究机构刚刚发布的《2018 年度中国主要城市交通分析报告》②显示，上海已经走出了“十大堵城”的黑名单。上海交通治理的经验和做法是：

---

① 《“史上最严”交通违法大整治的上海模式》，《领导决策信息》2016 年第 47 期。
② 高德地图：《2018 年度中国主要城市交通分析报告》。

1. **人文关怀，严格精细化管理**

大数据分析标明，种种交通乱象的根源都可以追溯到交通违法行为。2016 年 3 月 25 日，上海针对道路交通违法行为的大整治拉开序幕。上海警方把全市划分为 97 个交通执法管理责任区，管理责任直接落到每一个岗位、每一个路口。但每个堵点都是一本难念的经，严格执法并不容易。如上海中山医院是全国闻名的三甲医院，平均每天的门急诊量超过 1.2 万人次。通过路边划黄线禁停、打通断头路、改设单行线、在医院东西两院之间搭起空中通道，减少路面通行压力。按说该做的都做了，可这个地方还是隔三岔五地“爆红”，问题究竟出在哪里呢？警方动起了医院内部停车位的脑筋。这个提议得到院方的积极响应，周转起来的停车位使这个堵点被打通。

2. **消除堵点，严格精细执法**

疏通老堵点的同时，还要面对层出不穷的新堵点。上海的地面交通资源是要用厘米来计算的，与此同时，需要占道施工的工地在上海又不下几千个！一个点堵了，往往引发一片的交通瘫痪。静安寺是上海“市中心的市中心”，交通流量可想而知，可上海轨道交通 14 号线静安寺站的施工至少要占用三条机动车道，并且一占就是 5 年。倒逼之下，警方不得不在“螺蛳壳里做道场”。[①] 经过严格测算，路口左侧的人行道和绿化带被开辟出来，保证了双向 6 车道通行。车的问题解决了，行人怎么办？警方打起了工地边商业设施的主意，经与业主协商，见缝插针，硬是挤出了一条 4 米宽的人行廊道，解决了静安寺交通瘫痪问题。

3. **交通治理，需要下“绣花”功夫**

城市交通状况，是对一个地方社会治理能力和水平的检验。很多交通堵点看起来几乎都是“不可能完成的任务”，上海警方都用一个“精”字找到

① 《上海创新社会治理启示录》，央视网。

了破解的办法——精细执法、精确施策，也是精心服务。在上海，餐饮饭店云集的商业广场和上班族扎堆的写字楼，因为外卖小哥取餐派送的聚集一度引发拥堵。警方与商场协商，在最方便进去的地方为外卖小哥开辟了一块免费停车区。如今，此类乱停乱放的现象近乎绝迹。

4. 智能化交通提升上海交通治理水平

近年来，上海加大对智能交通的投入，通过实行智能化交通改变人海战术，更多运用信息技术手段提高交通管理效率治理水平。同时，制定交通治理的标准化细则，通过相应标准来给精细化管理提供依据。上海正在加快构建城市管理交通标准体系，努力使交通管理各个环节都有标准可循，不断提高精细化治理水平，建设高品质的全球一流卓越城市。

（二） 超大城市上海交通治理的目标

1. 要解决好城市精细化管理这个世界级难题

世界一线城市有许多值得上海借鉴的交通治理经验。作为超大型城市的上海，围绕建设国际一流卓越的世界一线城市，在城市管理上要像“绣花”一样精细，解决好城市精细化管理这个世界级难题。要把握“一个核心”、做到“三全四化”，即城市管理核心是人，既是管理第一资源，又是管理服务的最重要对象：全覆盖、全过程、全天候，把精细化管理要求覆盖到各个空间、各个领域和所有人群，贯穿城市规划、建设、管理全过程，体现在一年 365 天、一天 24 小时的每时每刻；用好法治化、社会化、智能化、标准化 4 种手段。

2. 加快城市智能交通建设

智能交通系统通过人、车、路的和谐，密切配合提高交通运输效率，缓解交通阻塞，提高路网通过能力，减少交通事故，降低能源消耗，减轻环境污染。

智能交通就是将先进的科学技术（信息技术、计算机技术、数据通信技术、传感器技术、电子控制技术、自动控制理论、运筹学、人工智能等)有效地综合运用于交通运输、服务控制和车辆制造,加强车辆、道路、使用者之间的联系,从而形成一种保障安全、提高效率、改善环境、节约能源的综合运输系统。具体体现在:一是交通信息采集系统,提高科学决策的数据化支撑;二是信息处理分析系统,提高行业监管的智能化支撑;三是信息发布系统,满足协同一体的信息化支撑;四是运营车辆高度管理系统和旅行信息系统,提高出行服务的多样化支撑。

3. 加快上海5G智能交通发展的政策建议

一是创新智能交通协同推进的机制;二是促进上海(率先5G试点)新技术与智慧交通的融合;三是拓展智能交通数据的商业应用;四是完善交通大数据的信息安全。

(三) 杨浦区交通大整治对创建全国文明城区的影响和作用

城市交通文明是文明城区建设中的重要且不可或缺的一环,城区居民交通文明素质的提升本身就是精神文明素质发展的重要体现。从2016年3月起至2017年底,杨浦区在创建全国文明城区中,将城市交通大整治作为创建文明城区的突破口,通过开展交通文明主题活动,补城市治理的“短板”,取得了阶段性成果,改善了城区交通环境,提升了城市文明水平,增强了广大市民的获得感,得到各级领导和社会各界的充分肯定。

1. 多措并举,坚持依法严管

持续开展现场执法。区公安分局组织交警、巡警、特机队、辅警等力量,以青年突击队、“队所联勤”联合执法小分队、突击整治小分队等形式,采取常规岗位与流动岗位相结合的方式,对各阶段性攻坚整治道路及“规范行人和非机动车交通行为”样板道路开展叠加式管理。

强化科学手段运用。根据《上海市城管执法系统信息化建设三年行动计划(2018—2020)》的指导意见,全面贯彻落实“向科技借用警力”的战略方针，进一步深入推进高清监控探头和“电子警察”的建设。目前，总计三期 1 608 套目标设备建设任务已全部按期完成。同时，进一步强化与同济大学、阿里云服务、高德等企业单位在“高德地理信息平台”和“智能信号灯”等方面应用的深度合作。

狠抓重点精准研判。根据市政府交通部门的整体部署，围绕“十类”重点交通违法及“三个不发生”城市攻坚战涉及的机动车“三驾”“三乱”“两闯”“两牌”、不礼让行人等重点违法行为，全面形成高压管理态势。

2. 强化机制，建立综合管理体系

建立责任区管理主体。根据市局统一部署，分局全面实施新的交通管理勤务模式，有效提高执勤效能水平。在整合现有交警人员的基础上，改变以往站点布岗模式，将本区道路网络科学划分若干责任区，设置交警责任区大队，确保每个责任区对应若干辖区派出所和街道（镇）。从明确责任提高效率出发，更加注重对辖区内重点违法的执法管理力度，有效提高勤务运作效能。

建立队所联动机制。以交警为责任主体，建立交警与派出所之间的队所联勤机制。充分运用各派出所治安监控探头对机动车动态交通违法行为开展视频执法查处工作；对巡逻民警开展业务培训，提高派出所巡逻民警发现和现场查处交通违法行为的能力；将交通宣传教育纳入派出所社区警务、单位场所治安管理、基层基础建设等日常工作，配合开展常态化的交通法规宣传和教育。

强化队社联动措施。在全区主要道路投入交通辅警力量，进一步充实道路交通管理力量。同时协调辖区城管、市场监管等部门加强对全区主干道、重要商圈等交通秩序乱点的整治，查处共享单车乱停放、占道乱设摊等占路违法行为。

3. 营造氛围，开辟多元化宣传渠道

积极加强与区新闻办沟通谋划。在市局的统一部署情况下，通过全区各类媒体平台和宣传手段，全面营造严管严治的氛围。大整治先后共开展宣传活动 659 次，张贴宣传画 8 024 张，摆放展板 894 块，发放宣传资料 39 211 份，发送短信 416 351 条、“双微”823 条，播出《百姓与交通》12 期，在各类新闻媒体刊登 361 篇新闻报道，其中中央媒体 12 篇、市级媒体 228 篇、区级媒体 121 篇。同时，借助公安分局“尚警讲坛”“公民警校”等平台，开设“杨浦交通大家谈”栏目。邀请媒体开展随警采访，“杨浦交警抓获套牌车”“杨浦交警整治酒后驾车”“杨浦查获酒顶包”等在中央电视台作了报道。

扩大交通志愿者队伍。在区综治办等部门支持下，落实了日均千余名的“平安马甲”志愿者，在街口社区参与道路交通法规宣传和违法行为劝阻。同时，以实施交通文明三年行动计划为契机，深入开展交通文明指数测评工作。

4. 源头治理，强化监督管理机制

强化主体责任落实。进一步加强本区客货运企业、危化品运输车辆单位督导检查力度，健全完善运输企业交通安全等级评估“分级管理”制度，防止发生管理缺位等情况。大整治期间，先后对 694 家单位开展了上门督查和宣传教育，教育机动车驾驶人 3 434 名，检查车辆 885 辆，开具整改通知书 98 张。与纳入管理的 109 家长途客运、危险品、货运单位、校车学校签订了交通安全责任书。

建立完善安全资质准入制度。针对周家嘴路的轨道交通等大型工程项目涉及大批量施工车辆集中作业的特点，对施工车辆开展登记备案试点工作，要求进入本区行驶的施工车辆做到“违法清零”，并由运输单位签订遵纪守法、文明驾驶承诺书。通过试点，取得明显成效，并推广到全区。2017 年，四类施工车辆的检验率 99.48%、报废率 99.8%、审验率 98.26%、换证率 99.32%、违法处理率 99.23%。对上海世平汽车服务有限公司等 3 家参加 2017 年春运的计 87 辆大中型客车，采取了全部上机动车检测线进行安全检测。

5. 全面排查，优化完善路政设施

强化占路施工监管。针对本区道路市政施工项目，采用“视频+实地”相结合的方式，开展施工监管132次，发现并整改各类施工问题28项。同时，将本区原有40处全天候道路停车场调整为间歇性停车时段，有效化解“僵尸车”占用道路停车资源的问题。

制定停车资源优化方案。区公安分局认真贯彻市、区领导对解决居民夜间停车难的相关指示精神，会同区建管委大力开展夜间道路停车场建设工作，共新增夜间临时道路停车场6处，延长原有道路停车场夜间停放时间的23处，共增加夜间停车泊位747个，有效缓解了本区居民夜间停车难的问题。

进一步优化道路交通组织。针对性探究并制定相关优化方案，从2016年起，以本区北横通道、三门路下立交、轨交18号线等重大道路工程项目建设为契机，科学、合理实施道路交叉、调整道路标志标线、交通信号灯配时、单行道等手段改善施工区域交通拥堵节点，提升交通保障水平。先后对政府路、政德东路、政高路、政恒路、杭州路、海州路6条道路实施了单行道调整。已完成“国和路（政衷—政立、政立—政府）拓宽改造”“关山路（国顺—国定）拓宽改造”“平凉路宁国路北进口增设掉头车道改善”“淞沪路政立路口东南角增设公交港湾式站点”“松花江路黄兴路可变车道”6项改造项目。同时，“翔殷路中原路东进口增辟机动车道”“翔殷路营口路南进口增辟机动车道”建设也已进入前期启动或协调阶段。

6. 建立长效机制，巩固交通大整治成果

要始终从补好短板的高度去认识、推进交通违法大整治成果。杨浦区的文明交通管理要进一步加强，具体来说：一是要补道路基础设施建设的短板，杨浦区在这方面历史欠账较多；二是要关注静态的交通管理，停车难是困扰杨浦区发展的一大难题，要千方百计地协调增加停车场地，提高交通管理水平;三是要进一步形成交通整治的合力,有关部门要通过各种机制,参与到交通整治和补短板当中来,真正形成“共建、共管、共治、共享”的局面;四是要引导人大代表、政协委员、党派团体、各界人士,广泛收集社情民意,围绕整治工作的重点、难点,为提高杨浦区文明交通管理建言献策。

|第六章|

杨浦“文明发展”的新载体

一、“文明实践”：文明发展的活动载体

一座城市文明程度的提升，不仅能促进市民素质的提高，还能解决城市治理的难题，更能增强老百姓的获得感、幸福感、安全感，由此，加强杨浦文明实践再出发，区域更需要文明发展的活动载体。

（一）坚持顶层设计，描绘文明实践蓝图

以习近平新时代中国特色社会主义思想为指导，结合杨浦实际，以“杨浦文化”地域道德品牌为引领，着眼凝聚群众、引导群众，以文化人，成风化俗，稳步推进新时代文明实践中心建设，使之成为与全国文明城区创建互促互补的新载体。建设过程中，以志愿者为主力军，以志愿者服务为基本形式，实施新时代文明实践“四双”工程：创建十大文明实践品牌，开展十大文明实践行动；推出百个实践服务项目，举行百个实践活动；孵化千个实践基地，组建千支志愿者服务队伍；培育万名骨干志愿者，引导万户文明家庭参与。进一步传播思想理论，引导市民坚定理想信念；传播政策法规，引导市民强化依法意识；传播新风正气，引导市民提升文明素养；传播礼仪礼教，引导市民增强文化自信；传播科学技能，引导市民提高发展本领，使新时代文明实践中心成为精神文明的加油站、优质资源的汇聚点、乡贤能人的集结所、市民幸福的归属地。

（二） 健全组织架构，优化文明实践枢纽

完善组织架构,搭建起“新时代文明实践中心、新时代文明实践所、新时代文明实践站、新时代文明实践点”四级组织架构,实现新时代文明有组织、有阵地、有队伍、有项目、有活动。目前,全区组建新时代文明实践站近400个,形成了百姓课堂、文化礼堂、学雷锋志愿服务站等500余个新时代文明实践点。运用大数据平台,通过打造文明实践“物联网+”平台,构建“文明实践清单数据库”,实现服务资源从“小综合”向“大综合”转变,管理能力从“线下”向“线上线下”双向同频共振转变。综合“杨浦发展”“文明杨浦”“杨浦e家”“杨浦礼堂”“公共资源文化配送管理系统”“党员远程教育”等网络资源,设置“实践阵地”“文化艺术”“生活服务”“村民说事”等板块,整合教育教化、乡风乡愁、礼仪礼节、家规家训、文化文艺、创业培训等与群众生产生活相关的服务内容,并通过文字、图片、视频等形式全方位打造“新时代实践服务云”。

组建实践队伍,按照群众所需,组建五大区域自愿服务联盟,开展五大文明实践。以五大党课宣讲为抓手,组建了政策宣传自愿服务联盟(专家党课文明实践志愿服务队、微型党课文明实践志愿服务队、圆桌党课文明实践志愿服务队、网络党课文明实践志愿服务队、文艺党课文明实践志愿服务队),开展“点单式”文明实践。以“百姓课堂”为抓手,组建文化志愿服务联盟(文化志愿服务队、文艺骨干志愿服务队、文艺专家志愿服务队),开展“演艺式”文化实践。以全国文明城区创建为抓手,组建文明劝导志愿服务联盟(文明礼仪志愿服务队、文明寻访团、文明劝导队),开展“说教式”文明实践。以平安杨浦创建为抓手,组建平安志愿服务联盟(村级网络员队伍、平安志愿者队伍),开展“吸纳式”文明实践。以绿色网络我先行为抓手,组建网络传播志愿服务联盟,开展“指尖式”文明实践进机关、进校园、进企业、进社区、进农村,切实满足不同群体在不同领域的服务需求。

（三） 丰富活动形式，强化实践服务功能

畅通文明实践供需渠道，通过以文明实践中心制定“菜单”，群众“点单”，文明实践志愿者“买单”的形式，开展乡村书房、价值观大讲堂、文化走亲、“三下乡”等形式多样的培训教育和广场活动，切实增强市民的凝聚力。突出一月一主题，组织 26 个市级部门以“直通车”形式，开展电影进乡、文艺晚会、文艺进乡、高雅艺术、地方戏剧、节庆活动等。目前，已整合市级部门服务项目 29 项，社会组织服务项目 18 项，市场主体服务项目 8 项，如税务局“阳光穗悦”税法宣传、红十字会“救在礼堂”急救知识培训等，打通公共文化服务向农村延伸的“最后一公里”，使更多村民可以在家门口享受优质服务。创新文明实践活动载体，提高志愿服务能动性。以“文明我先行”志愿服务活动为抓手，推出“3 分钟志愿”“午休志愿”“周末志愿”等项目，引导广大志愿者利用“固定时间+碎片时段”的形式，开展“早晚高峰”管秩序、“周末假日”助保洁、“碎片时段”勤巡查等活动，将志愿服务的触角延伸至生活的各个角落。丰富群众文化生活。以着眼群众、服务群众为目的，突出“百姓课堂”“一人一艺”等群众文艺项目，组织开展了市级市民幸福体验日、“听见杨浦传习文明”书香音乐节、社区文化礼堂才艺大赛、相约明月湖主体秀等全域性主体活动，免费开放明月湖共建群、中小学校体育场等，较大程度满足了群众对文化生活的需求。2019 年已配送上海走书、小锣书、戏曲表演、茶艺等 200 多场次服务，受惠群众 5 万多人次。

（四） 强化组织机制，推动文明实践常态化

文明新风尚，实践开新花。近年来，杨浦区着眼凝聚群众、引导群众，以文化人、成风化俗，扎实推进文化实践的工作，在推动社区精神文明建设和基层宣传思想工作上实现质的转变和飞跃。深入推进文化实践建设工作，应系统总结、全面推广成功经验，同时结合杨浦区的实际，因地制宜创新载体、提升质量效益，实现文明实践活动常态化，让文明之花开遍杨浦大地。

首先，应强化各级党委统一领导，完善工作机制，实现部门联动，形成工作合力。“一把手”要全面统筹，积极整合资源，打通组织、教育、工青妇等群团组织的业务界限，凝聚社会各方力量，建立健全覆盖区、镇、村三级文明实践体系，落实工作责任制，将文明实践活动与基础党建、文明创建工作紧密结合起来，充分依托区级融媒体中心建设，加强对文明实践工作的宣传报道，营造全民实践的良好氛围。其次，要丰富文明实践活动的内涵，增强工作的针对性与实效性。牢牢把握传播习近平新时代中国特色社会主义思想这一条主线，突出践行社会主义核心价值观、学习党史国史、弘扬社会主义新风尚三个重点，实现思想、道德、文化三个引领，以传播新思想、坚定理想信念，传承文明、弘扬道德风尚，传授科学文化知识、提高劳动技能为重点内容，开展高质量的文明实践活动。再次，要加强文明实践活动的队伍和阵地建设，引导各部门专业力量和社会力量共同参与。建设志愿服务队伍、专家学者队伍、百姓宣讲队伍，围绕党的路线方针政策，社会公德、职业道德、家庭美德、个人品德等内容开展系列宣讲活动。各镇村要积极创造条件，建设文化广场等场所，创办乡村课堂，适时邀请“五老”（老党员、老干部、老战士、老教师、老模范）作主题鲜明的报告会、故事会，提高感染力和说服力，组建红色文艺轻骑兵小分队，开展菜单式文艺志愿服务活动，传播社会正能量。此外，需创新文明实践载体，用人民群众喜闻乐见的形式弘扬文明新风尚，不断满足基层群众的精神文化需求。文明实践活动要接地气，形式多样，丰富多彩。结合“不忘初心、牢记使命”主题教育，开展一次走访慰问、一场百姓宣讲、一次文化培训、一批惠民志愿者服务、一场文艺汇演等活动，让广大基层群众在家门口就能享受到高品质的文化大餐和惠民服务，真正打通宣传群众、教育群众、服务群众的“最后一公里”。

文明实践是文明力量的沃土。文明的力量是什么样的力量？表面上好像看不见、摸不到，但如果一个社会缺少了文明和文明的力量，就如同一个人没有了灵魂，少了应有的精、气、神。这股力量来自于斑马线上的一个个礼让举动,来自于职能部门为企业帮困解难的一个个服务细节,来自于身穿红马甲的志愿者们的一个个温暖背影,点点滴滴都彰显着城市的现代文明气质,透露出一座城市居民的道德魅力。只有坚持不懈地深入开展文明实践活动,才能激发更多的文明力量。文明实践重在拓广度。群众在哪里,文明实践就要延伸到哪里。阵地建好后,用好更重要,只有充分利用现有阵地,推动文明实践进农村、进机关、进学校、进社区、进企业、进网络,不断拓展文明实践活动的广度,才能把群众真正需要的理论、服务,送到群众身边。文明实践赢在有温度。杨浦区文明实践活动的对象是广大人民群众,群众高兴不高兴、满意不满意、赞成不赞成,应当是文明实践工作的试金石。文明实践活动的开展,切忌表面化、形式化,要因地制宜、整合资源,把文明实践真正融入群众的生产生活中,活动形式凸显“大众化”,活动内容突出贴近性,以群众喜闻乐见的方式凝聚群众、引导群众,以文化人、成风化俗,弘扬时代新风。唯其如此,才能为杨浦区经济社会高质量发展提供坚强的思想保证、强大的精神力量和丰润的道德滋养。

二、 杨浦的“文明实践”中心

(一) 加强组织领导,保障文明实践中心建设“做得强”

一是强化组织保障。杨浦区的文明实践中心建设由区委书记总负责,区委宣传部和区文明办具体负责。街道、社区由党组织书记任主管负责,区直部门由分管区级领导负总责,部门主要负责人具体负责。优先保证工作经费,提供坚实保障。完善工作制度。出台文件,制订工作方案,成立领导机构和志愿者队伍,建立每周报一次台账,策划一个主题活动等“五个一”常态化工作机制。二是探索“123456789”工作模式,即1条主线、2种语言、3级体系、4个结合、5项内容、6种方式、7进基层、8有标准、9支队伍,让实践活动有任务有标准。三是加强宣传动员。通过层层召开动员大会,利用社区微信群、微信公众号、智慧凤凰等网络平台,加强宣传动员,营造浓厚活动氛围。“目前，已制定文明实践活动宣传片3个，编发简报22期，宣讲知识120多条，发布信息700多条。”①

（二）整合志愿队伍，明确文明实践中心建设“谁来做”

一是整合志愿资源，建强志愿队伍。重点整合成立党员干部、农业科技、法制宣传、医疗卫生、文明旅游、教育体育、文化、“五老”和社会慈善9支志愿服务队伍。目前，杨浦区共有区直机关及社会志愿队伍108支、乡镇志愿服务52支、村级志愿服务队562支，登记注册志愿者5.2万人。二是完善管理制度，规范志愿队伍。制定《杨浦区注册志愿者服务管理办法（试行）》文件，探索建立志愿者注册、管理、培训和激励的长效机制，开展“最美志愿者”等宣传评选活动，表彰文明实践先进典型。三是加强学习培训，提升志愿者素质。完善区镇村“三级”学习培训机制，举办志愿项目打造和志愿者骨干等专题培训，打造高素质志愿服务队伍。截至目前，共举办各级培训班300余次，培训各级文明实践干部和志愿者骨干20 000多人次。

（三）加强资源整合，理清文明实践中心建设“做什么”

一是整合实践阵地。整合和统筹区、镇、村三级公共文化设施资源，实行“纵向管理到村，横向整合运用”的运用机制，由杨浦文明实践中心根据工作需要统一调配使用，全面提高实践阵地的运用率。二是丰富活动载体。除集中宣传宣讲外，通过“村民夜话”“广场会议”等会议，把宣讲阵地搬到群众的家门口；在少数民族聚居区用少数民族语言宣讲；运用网络载体推送宣讲宣传，推动新思想落地生根。三是融合活动内容。围绕“学习实践科学理论、宣传宣讲党的政策、培育践行主流价值、丰富活跃文化生活、持续深入移风易俗”5个方面内容，统筹融合各部门活动资源，开展内容丰富、形式

① 中共凤凰县委宣传部：《文明实践谱新篇　凤凰展翅竞翱翔》，《思想政治工作研究》2019年第5期。

多样的综合性实践活动。

（四）围绕群众需要，解决文明实践中心建设“怎样做”

一是以群众需要为导向，发布志愿服务清单。实行“群众点单、中心派单、志愿者接单、群众评单”的“四单”对接方法，确保志愿服务项目的精准性，提高项目吸引力和参与度。目前，已分4批发布志愿服务项目清单305个，主要覆盖扶老助残、助医助学等20多个领域。开展“认领微心愿，争当圆梦人”活动，共收集群众微心愿5 000多个，已落实的微心愿2 000多个。二是突出实际效果，提炼志愿服务品牌。进一步提炼群众积极参与、实施效果好的项目，打造出“鲜红的旗帜”万名党员干部志愿者服务、“游客满意在杨浦”千名志愿者旅游项目、“社区春晚”群众文化活动、“爱心妈妈”巾帼志愿服务等一批群众喜欢的志愿服务项目品牌。中国“进博会”期间，杨浦区高等院校的学生志愿者参加中国“进博会”接待工作，受到表彰。三是以群众欢迎为基础，提升传统节庆品牌。充分发挥传统节庆的群众优势，并注入新时代文明实践内容，成功打造“端午龙舟赛”等一批影响深远的民族节庆知名活动品牌。

（五）紧扣本地实践，确保文明实践中心建设“做得实”

一是结合杨浦创建文明城区，建设美丽幸福新社区。各志愿服务队积极组织群众开展移风易俗、文艺活动等，充分利用元旦春节等重要节日，策划开展丰富多彩的文体娱乐活动300余场。大力举办红歌比赛和丰收节庆等，如新江湾镇举办“唱红歌、心向党”比赛活动。二是结合全域旅游，建立国际旅游目的地。在各景区景点设立20多个志愿服务点，区涉旅部门组建了文明旅游志愿服务分队500多人，为游客讲解文明旅游知识。每个“黄金周”及节假日期间，组织“千名干部群众志愿者”开展“游客满意在杨浦”文明旅游志愿服务活动，进行文明劝导、免费导游、文明交通等服务工作，游客满意度由原来的60%提升到90%以上。三是结合社会治理,建设平安和谐新杨浦。“全区组建17支法治宣传志愿队,成立禁毒禁赌等义务劝导员队伍,每个社区成立社会治安义务巡逻队,深入开展‘送法下镇’、扫黑除恶等工作。2018年杨浦区刑事发案率同比下降22.49%,刑事破案率上升14.5%,人民群众的安全感、幸福感显著增强”。①

(六) 应对实践需求,指导文明实践中心建设“做实效”

习近平总书记在全国宣传思想工作会议上指出,要大力弘扬时代新风,推进新时代文明实践中心建设,不断提升人民思想觉悟、道德水准、文明素养和全社会文明程度。目前,全国有50个县市启动了一年的试点工作。建好文明实践中心,要突出三个“实”字。

抓住实质。新时代文明实践中心,就是要发挥好县一级的主体作用和枢纽功能,聚焦培养时代新人、弘扬时代新风。突出政治引领,引导广大群众不断增加“四个意识”、坚定“四个自信”、践行“两个坚决维护”。突出文化引领,用中国特色社会主义文化牢牢占领农村思想文化阵地。突出实践引领,突出人民群众的主体地位,引导人民群众在参与、体验、实践中开拓创新,以实干创造实绩。

结合实际。紧密结合杨浦区实际,把新时代文明实践工作提前谋划融入经济社会发展各方面建设中。在农村现代化的产业发展、生态建设、乡风文明、社会治理等方面融入文明实践,培育树立文明乡风、良好家风、淳朴民风;立足实现全面小康,融入改善群众生产生活,运用生活化场景、日常化活动、具象化载体,让社区居民群众乐于参与、便于参与,以文化小康助推全面小康。

力求实效。在开展社区精神文明建设工作中,重点围绕“谁来做、做什

---

① 中共凤凰县委宣传部:《文明实践谱新篇 凤凰展翅竞翱翔》,《思想政治工作研究》2019年第5期。

么、怎么做”的问题进行实践探索，牢牢把握文明实践工作导向，切实做到“四个强化”：强化文明实践中心的思想政治工作功能，融通理论话语与百姓话语，把大主题做成小切口；强化文明实践中心的服务功能，以志愿服务为载体，在服务群众中教育引导群众；强化文明实践中心的阵地功能，整改加强基层宣传思想文化阵地建设，建立多层次、分众化、互动式的综合性平台；强化文明实践中心的保障机制，探索整合工作体制机制，重点打造基层宣讲员、志愿者、文化骨干三支队伍，盘活各类文明实践资源，形成强大的合力。

三、杨浦的“文明实践”圈

杨浦区开展文明实践活动是打通宣传群众、教育群众、关心群众、服务群众“最后一公里”的重要举措。坚持立足实际，凸显特色，积极探索，力求实效。

（一）实施多措并举，组织开展文明实践活动

“一呼百应”抓好统筹规划。杨浦区的环同济知识经济圈和大五角场创新创意集聚圈按照中央部署和市委要求，结合实际先后出台文明实践实施方案和嘉许礼遇办法等多个指导性文件，强化制度保障。区委、区政府主要领导坚持定期听取汇报、定期一线推进。区委领导班子成员结合分工，推动文明实践与党的建设、乡村振兴、社会治理等工作深度融合，实现“1+1>2”的叠加效应。市级以上文明单位与社区文明实践站形成50个共建对子，深入社区活动区域，开展文明实践活动。

“一所多点”抓好阵地建设。建好中心、所、站、点四级文明实践阵地。两圈分别处在五角场街道和四平路街道，这两个街道的文明实践所按照有统一标识、有场所、有志愿服务活动、有志愿服务队伍、有公益岗位人员、有志愿活动岗前培训、有考核奖惩、有宣传栏的“八有”标准，规范化建设基本

实现全覆盖。308 个居委会中 70%完成标准化建设,力争实现全覆盖。结合农民群众住房条件改善,在新型农村社区同步建设文明实践站,目前已有 21 个投入使用。探索“一所多点”立体化布局。整合党建、农业、司法、民政等站所阵地资源,在学校医院、景点景区、农贸市场等公共区域多点开花,打造了创业工作室、法律工作室等 570 个特色文明实践点。

“一核多层”抓好项目建设。以学习宣传习近平新时代中国特色社会主义思想为核心,多层面设计志愿服务项目。在生产发展层面,深化实施创意与设计产业推广,国际工程咨询产业进校园等项目,全面推行提户知人、提人知事、提事知情、提情知策的“四提四知”群众工作法,持续开展“文明大走访”和“阳光扶贫”走访活动,共帮助群众解决急需问题 1 500 余件,发放帮扶资金 486 万元。在扶贫帮困层面,针对社区“老的、小的、走不动的”等弱势群体,实施“家医有约”“爱心洗衣房”“爱心理发室”“智慧养老一网通”志愿服务项目,让群众在精准服务中享有更多获得感。在思想教育层面,成立新思想通俗理论作品创作宣传中心,实施“理论文化直通车”“红色讲坛进社区”等品牌项目,创作社区脱口秀《党的十九大》等 20 多个节目,用杨浦人的家常话阐释党的大政策,让文明实践活动更接地气。

“一引多联”抓好队伍建设。以党政干部志愿者队伍为引领,区委书记带头参加“沪语话家常”理论宣讲活动,区长以志愿者身份多次赴儿童志愿者队伍,形成了以“两圈党员志愿服务队”“杨浦铁军志愿服务队”为代表的品牌队伍。联建社会队伍,动员社会爱心群体、公益组织和区内企业,招募社区退休干部、乡土文化人才、“百姓名嘴”、“新乡贤”加入志愿者队伍,培育“爱心公益协会”“青春创想”等一批社会志愿服务队。目前,全区招募志愿者 21 265 名,成立志愿服务队伍 526 支,其中党政队伍 283 支、社会队伍 106 支、村民互助队伍 137 支。

“一品多特”抓好文化建设。以“善道杨浦、文明之城”精神文明品牌为引领,做亮文化特色,提升文化软实力。设计特色标识,让文明实践活动更加可见可感可触。传承特色民俗，将富有乡土气息的杨浦地域文化及非遗特色，融入文明实践活动。建立民间文艺团队 157 支，开展各种各样民俗表演 800 多次，吸引 10 万余名群众参与。建好特色平台，建设“善道杨浦、文明之城”微信平台，构建群众“点单”、中心“派单”、志愿者“接单”、群众“评单”的工作闭环，以志愿服务紧贴百姓生活、浸润群众心田。

（二） 分众化开展宣讲活动，提升文明实践的示范效应

抢抓机遇、先行先试，全力推动文明实践高质量、有特色、走在前。作为区级代表，杨浦先后在中央文明办调研座谈会、环同济知识经济和五角场创新创意集聚圈文明实践建设试点工作推进会上介绍推进经验，获得了肯定。扎实推进试点工作，提升试点品牌效应，也有效地发挥了文明实践活动的推动作用。

拓宽了新思想传播的主阵地。只有设立固定的办公场所和活动阵地，统筹运用现有资源，才能为文明实践活动正常开展和传播提供有效载体。过去社区干部的办公室改造成现在的文明实践点，过去的会堂、会议室变成了现在的百姓大舞台与讲台，理论宣传在社区传播有了新阵地。

提高了理论宣传实效性。宣传宣讲党的政策，培育践行主流价值，组织各种活动，弘扬时代文明新风，越来越多接地气、有生机的理论宣讲活动，让群众坐得下来，听得进去，兴趣大了，收获多了，评价高了，社区宣传思想工作和精神文明建设日渐在基层实起来、强起来。

营造了文明实践的生态圈。采取行政推动、党员带动、社团发动、群众互动相结合的方式，实现志愿服务队伍长期化、常态化、长效化。志愿服务从过去不被理解、被嘲笑，到现在得到支持，越来越多的群众参与进来。长期从事志愿服务的“中国好人”陈某感叹道：“我们开展各类活动更有底气，更加有滋有味了。”

激发了社区的新活力。开展贴近群众的生产生活，浸润群众心田的丰

富多彩的活动，促使广大社区群众互帮互助，不仅丰富了社区居民精神生活，而且提升了文明素质。“政府有温度、群众有风度、服务有热度”在杨浦日渐成为文明新常态。

（三） 探索创新机制，发挥文明实践的示范作用

走社区、入社户、了民意，把习近平新时代中国特色社会主义思想的精神食粮送到百姓心中，杨浦正以自己的方式进一步发挥文明实践的示范效应。传播新时代新思想是核心。文明实践以志愿服务为基本形式，但不等同于一般资源服务活动。在开展各类文明实践活动的同时，注重将习近平新时代中国特色社会主义思想传播给广大群众。建好群众身边队伍是基础。志愿服务要改变以往从上往下送的模式，引导社区群众由单纯被动接受服务，转变为主动积极参与服务的志愿者，成为文明实践工作的主人。到社区入户见人谈心是根本。文明实践工作不是为了搞个活动，开个会，造个声势，而是要真正走到社区，走到群众面前，进到群众心里去，让群众接受、认可，即便没有大型活动支持，也能解决“最后一公里”的问题。紧贴群众实际需求是关键。项目和活动是新时代文明实践的有效载体。设计文明实践志愿服务项目要体现以人民为中心的工作导向，紧贴群众需求，开展精准化、专业化、个性化服务，让群众得实惠，让群众跟党走。

（四） 发挥“兴文化”，作为重要的使命任务

着眼文化育民。发挥文化以载道功能，引导文艺工作者自觉讲政治、讲正气、讲品位、讲格调、讲责任。鼓励艺术家深入生活、扎根人民，创作一批体现时代价值、引领社会风尚、人民喜闻乐见的精品力作，使社会主义核心价值观落细落小落实，成为人民群众的普遍追求。着眼文化惠民。各地都在开展创建国家公共文化服务体系示范区活动，要立足推动公共文化服务标志化、均等化、完善公共文化服务体系，在文化活动参与、基础设施完善、

服务内容适用、服务项目标准等方面全面深化改革，推出更多健康优质的文艺作品，更加注重多样化、特色化产品供给，为人民群众提供更加丰富多彩的精神食粮。着眼文化富民。推动优秀传统文化转化活化，将文化融入百姓生活。开发新的文化产品，培育新的文化业态，使文化既能记得住乡愁，又能创收致富。还要将文化融入现代化产业体系之中，成为推动高质量发展的精神动力和有力支撑。着眼文化靠民。群众是最好的观众，最好的判官。要想交出文化高质量发展的答卷，必须问计于民、依靠人民。要大兴调查研究之风，把脚力、眼力、脑力、笔力聚焦到一线，聚焦到人民群众之中，让人民群众成为文艺精品的主角、文化发展的主体、文化产业的主力。

（五）推动“五大创建”，建立文明实践的抓手

坚持用社会主义核心价值观引领文明实践工作，深化文明城市、文明村镇、文明单位、文明家庭、文明校园“五大创建”活动。深化文明城市创建，辐射带动社会文明程度整体提升；深化文明村镇创建，促进农村乡土民风、人居环境、文化生活美好起来；深化文明单位创建，激发文明创建的基层基础活力；深化文明家庭创建，以好的家风撑起好的社会风气；深化文明校园创建，培养德、智、体、美全面发展的社会主义建设者和接班人。

切实做到“四个融合”，将高质量发展与百姓福祉深度融合。要坚持用五大发展理念统领全局，紧紧抓住人民群众最关心、最直接、最现实的利益问题，有针对性地开展“五大创建”工作，着力解决群众反映强烈的私搭乱建、脏乱差等难点、热点问题，千方百计为群众解难题、办实事。“要充分发挥‘五大创建’的指挥棒作用，按照‘五大创建’的顶层设计，见物见人、双轮驱动、做实事、解难事、办好事，打造经济与社会高质量发展两个升级版”。[①]

精神塑造与文化打造深度融合。文明实践是一个铸魂的过程，要以社

① 王沛杰：《新时代文明实践的五大着力点》，《学习月刊》2018 年第 12 期。

会主义核心价值观、中国梦教育、社风家风等主题教育的方式，加强道德滋养，深化拓展各类群众性精神文明创建活动，文化事业、文化产业、文化生活同步展开，让百姓在参与中升华思想境界、塑造高尚人格、提升文化品位，使创建过程真正成为凝心聚力、惠及百姓的实践。

改善环境与文明实践深度融合。环境影响人，文明靠养成。要坚持硬件、软件一起抓，既从小、从细入手，一个问题一个问题地解决，改变环境面貌，提升服务功能；又从良好文明习惯入手，倡导文明新风，提升文明素养，形成文明风尚。

治理创新与服务便利化深度融合。坚持以改革创新为牵引，不断探索治理与服务便利化的制度机制和组织结构的实现形式，提升社会治理水平，打造服务便利化体系，让人民群众在文明创建活动的实践中有更多获得感。

四、 杨浦的“文明实践”带

（一） 统筹资源，全面强化共建共享

社区基层是杨浦的文明实践带服务的重点，当前有不少部门在基层均有服务资源，但是相互之间缺乏必要的协调和统筹，没有形成合力。中央强调要以区域为整体，整合现有基层公共服务阵地资源，打造理论宣传教育服务平台、文化服务平台、科技与科普服务平台、健身体育服务平台，统筹使用，协调运用。要全面强化区级的统筹作用，认真摸清基层现有阵地资源和活动资源的底数，打通城镇公共文化服务的运转机制、文化科技卫生工作机制、群众性精神文明创建活动引导机制，推动基层宣传思想文化工作和精神文明建设改革创新，实现更富活力、更有成效、更可持续的发展。要夯实镇文明实践所、社区实践站基础，导入各级各类服务资源，着力增加有效供给、促进供需对接，形成全覆盖、菜单式的文明实践活动服务网络，做到群众在哪里，文明实践就延伸到哪里。要发挥志愿者的主体作用，以志愿服务促进资源整合、活动整合和人员整合，进一步壮大各行各业志愿者服务队伍，提

升志愿服务的规范化、制度化、科学化水平，汇聚志愿者力量，助推志愿服务良好风尚。

（二）专兼一体，纵深发展实践队伍

杨浦区成立文明实践志愿服务总队，由区长任总队长，组建理论宣讲、文体艺术、科学普及、教育教学、社会慈善、普法宣传、农业技术、医疗卫生、建设社区治安综合治理服务网络，各乡镇组建了综合执法队，每个社区成立了社会治安义务巡逻队，及时搜集上报社情民意，处理解决矛盾纠纷，维护社会稳定。重点开展扫黑除恶宣传宣讲，营造平安和谐的社会环境。成立禁毒禁赌义务劝导员，弘扬社会主义核心价值观，开展农村移风易俗活动，树立文明新风尚。组建法治文明劝导、网络文明等 10 大实践志愿服务分队，分别由相关职能单位负责组建。各乡镇（街道）组建文明实践志愿服务大队，乡镇长（街道办事处主任）担任大队长。各村（居）委会组建文明实践志愿服务中队，村（社区）主任担任中队长。广泛吸纳具备专业知识、技能的乡土文化人才、科技能人、科技特派员、律师、“五老”人员、退休文化工作者、先进人物、文艺志愿者、大学生志愿者、创业返乡人员等加入志愿者队伍，统筹建立专兼一体的文明实践人才库。

（三）守正创新，充分发挥建设实效

守正，就是恪守正道。对于基层宣传思想文化工作来讲，守正是最基本也是最根本的要求。习近平总书记反复强调，要始终坚持社会主义先进文化前进方向，始终把社会效益放在首位，无论改什么、怎么改，导向不能改，阵地不能丢。作为党的路线方针政策的宣传者、贯彻者、执行者，各级宣传文化部门要坚持用社会主义核心价值观武装自己，坚持正确的政治方向，筑牢思想文化阵地，牢牢把握意识形态工作的领导权。创新，就是要创新新时代文明实践活动的方式方法，让党的创新理论“飞入寻常百姓家”，打通宣

传群众、教育群众、服务群众的最后一公里，更好满足人民群众日益增长的精神文化需求。杨浦区有着深厚的文化底蕴，要根据实际情况，充分发扬民族特色和自身优势，着力打造一批积极向上、充满正能量、深受群众喜欢的文化体育活动，使基层宣传文化工作为人民群众带来更大更真切的获得感和影响力。要坚持以人民为中心、以基层为重点、以群众评价为标准，加强社区宣传文化资源的开发利用，运用生活化的场景、日常化的活动、具象化的载体，促进文明实践活动开展，培育文明乡风、良家家风、淳朴民风，以文化小康助推全面小康。

（四） 抓好五个着力，争创试点一流成绩

杨浦严格按照上海市创建文明城区工作部署要求，勇于改革，大胆创新，积极探索行之有效的工作模式和建设路径，高质量、高水平完成好上海市赋予的任务。一是着力在贴近群众上下功夫。准确把握基层受众的特点与需求，做到精准发力、有的放矢。既要说好“普通话”，又要说好“方言”。说好“普通话”，就是要原原本本、不折不扣把党的创新理论成果、党中央大政方针和决策部署的思想精髓、核心要义传递到位。说好“方言”，就是要“接地气”，要理论联系实际，贴近群众，通俗易懂，将杨浦区文明实践真正打造为距离群众最近的百姓之家。二是着力在凝聚人心上下功夫。着眼于凝聚群众、引导群众、以文化人、成风化俗，用中国特色社会主义文化牢牢占领社区思想文化阵地，使杨浦区杨浦树路和秦皇岛路一带文明实践成为传播党的声音、引领思想认识、传承优秀文化、培育文明新风的重要载体，充分发挥强信心、聚民心、暖人心、筑同心的作用。三是着力在改革创新上下功夫。推动基层综合性文化服务中心建设等中央改革任务与上海市创建文明城区文明实践建设相结合，整合资源，提高效能。进一步完善志愿服务机制，实施“春雨工程”等志愿服务品牌项目。四是着力在丰富活动上下功夫。要精心做好杨浦区杨浦树路和秦皇岛路一带文明实践内容向活动项目

的转化，实现文明实践活动开展的常态化、多样化，让党的思想理论进入大街小巷、遍布社区，更好满足人民群众对优质思想文化产品的需求。五是着力在“互联网+”上下功夫。把区级融媒体中心、公共数字文化等项目和杨浦区杨浦树路与秦皇岛路一带文明实践统筹谋划、统筹建设、统筹运用。利用现代信息技术，拓宽服务渠道，开展群众需求征集，实施绩效评价，促进公共服务供需对接，推动文明实践活动线上线下融合发展。

建设杨浦区杨浦树路和秦皇岛路文明实践带是一项长期系统工程，必须常抓不懈，持之以恒，久久为功。各级党委政府和宣传文化部门要将试点工作作为落实意识形态工作责任制的一项重要内容，精心组织、周密部署、统筹安排、层层落实责任，确保各项任务落地落实。特别是区级党委要履行好主体责任，发挥好“一线指挥部”的作用，在保障措施上做到有机构、有阵地、有队伍、有经费、有培训，在内容上做到有理论、有政策、有法律、有文化、有科技，在覆盖面上做到进社区、进企业、进机关、进校园、进网络。要通过扎实推进杨浦区杨浦树路和秦皇岛路文明实践建设，不断提升工作水平，充分发挥引领作用，统一思想，凝聚人心，推动习近平新时代中国特色社会主义思想在基层落地生根、结出丰硕成果，开创杨浦区基层宣传思想工作和精神文明建设的新局面。

第七章

杨浦“文明发展”的新特色

人类所建立的物质文明和精神文明,统称为人类文明。在人类学和考古学中,文明也可以指人进化脱离了动物与生俱来的野蛮行径,用智慧建立了公平的规则社会,如华夏文明、古印度文明、希腊文明和埃及文明等。也指文化类的群体,如佛教文明、道教文明、儒家文明等。文明出现的判定标准,主要是道德礼仪的出现,文字的产生,国家公平规则制度的建立。文化变迁对于文明的产生有很大的作用,其中教育在人类文明的发展史中占据无可替代的重要地位,教育拓展了人类的知识结构和生存智慧,是人类文明发展的催化剂和推进器。校园的诞生,是教育集中化和规范化的必然结果。校园是以教育手段传播文明的灯塔,“文明”是校园的题中之义。校园越文明,文明发展的根基就越坚固。

一、从“文明校园”创建到“文明校园”联盟

(一) 学校与人类文明发展的演进

伴随着人类文明的发展,学校开始诞生。建造时间在公元前 3500 年左右,是人类最早的学校。诞生在两河流域上游苏美尔的名城马里,这就是“泥版书屋”。这所房舍包括一条通道和两间房屋,大间房屋长 44 英尺、宽 25 英尺;小间面积为大间的三分之一。大间排列着 4 排石凳,可坐 45 人左右;小间排列着 3 排石凳,可坐 20 人左右,很像一所学校的教室。屋里没有

讲课用的讲台,但发现了很多泥版,像是学生的作业。这所房舍靠近王宫,附近还有泥版文书的储存地。因此,考古学家推断,这是一所学校。如果这一推断正确,那么美索不达米亚的学校,要比古埃及于公元前 2500 年出现的宫廷学校早 1 000 年左右。

在我国,学校的萌芽最早出现在大约公元前 3000 余年。据《周礼》记载,在公元前 2700 年的五帝时代,我国诞生了名为"成均"的学校。董仲舒言道:成均,五帝之学。我国规范意义上的学校出自公元前 21 世纪的夏朝。《孟子》曰:庠者养也,校者教也,序者射也。夏曰庠,殷曰序,周曰校,学则三代共之,皆所以明人伦也。商朝建立后,增加了"学"和"瞽宗"。周朝大致沿用了夏商时期的校名,对学校教育进行了进一步的完善。需要指出的是,夏、商、周时期的官方学校只招收贵族子弟,俗称"官学"。春秋时期,由于统治阶层的控制力削弱,教育下移,以孔子为代表的"私学"开始兴起,受教育不再是贵族的特权,由此开启了"有教无类"的历史先河。此后,在我国漫长的王朝统治时期,教育一直备受重视。科举制兴起后,学校教育日趋兴盛,唐宋以后,教育开始普及到乡间村社,普遍性的学校教育促进了我国文明的繁荣。

(二) 全国"文明校园"创建背景

1. 从学校"五讲"教育到全国"五讲四美三热爱"活动

我国最早的"文明校园"创建最早要追寻 20 世纪 80 年代。1980 年 6 月,中央领导同志充分肯定了无锡第三十四中学(现无锡市青山高级中学)关于开展语言、仪表、行为美的审美教育活动的经验,明确指出,在思想上、政治上和社会风气上要来一个"五讲"。共青团中央对其作了全面综合和总结。

1981 年 2 月 25 日,全国学联、全国伦理学学会、全国总工会、共青团中央、全国妇联、中国文联、中国语言学学会、中华全国美学学会、中央爱卫会九个单位联合作出《关于开展文明礼貌活动的倡议》，在全国人民特别是青少年中开展文明礼貌月活动，大兴“五讲四美”之风。“五讲”，即讲文明、讲礼貌、讲卫生、讲秩序、讲道德；“四美”，即语言美、心灵美、行为美、环境美。中宣部、教育部、文化部、卫生部、公安部等发出通知支持开展这一活动。此后，这项活动又和“三热爱”活动相结合。于是形成了人们所传诵的“五讲四美三热爱”经典口号。自“五讲四美三热爱”的口号形成开始，从城市到农村、从内地到边疆，“五讲四美三热爱”活动迅速开展起来。

1983 年 3 月 11 日，中央成立了以万里为主任的“五讲四美三热爱”委员会。之后，各省、市、自治区也都分别成立了“五讲四美三热爱”委员会。从此，这一活动更加深入广泛科学地开展起来。

2. 对“五讲四美三热爱”的高度评价

2014 年 9 月 16 日，全国“五讲四美三热爱”活动工作会议 30 周年研讨会在福建省三明市召开，来自全国精神文明建设战线的工作者齐聚于此，共同回顾 30 年“文明之花”的绽放。

到会的领导、专家和学者认为：“五讲四美”的口号一提出来，很快就为广大人民群众所接受，成为社会生活中一个公认的指导原则。“五讲四美”具有丰富的内容，有很强的思想性。提出这个口号，不仅是要继承中华民族优良的文明传统，而且是为了建设社会主义的精神文明。我们分析了在社会主义公有制基础上形成的人与人之间关系的新特点，提炼出一些最基本的道德行为规范，动员群众相互激励，相互约束，共同为培养社会主义新人，建设社会主义新型的社会关系而努力。这就是在“五讲四美”的各项具体活动中要达到的根本目的。

3. 青年学生要补“五讲四美三热爱”的人生课

在上述研讨会上，到会的领导、专家和学者还认为：“五讲四美”概括了一个中国公民在道德情操上多方面的要求，爱国、维护党的领导和社会主义制度，则是其中最基本的要求。今天的爱国，就是爱中国共产党领导下的社会主义新中国。爱国同爱党、爱社会主义是不可分割的。爱国的思想和行动历来都被看作是高尚道德情操的重要表现,而那种有损、有辱国格的人,向来为国人所不齿。我们可以这样说,抓住了“三热爱”,使人们做到“三热爱”,就是抓住了“五讲四美”最主要之点,抓住了它的精髓。

全国许多领导、专家和学者提出,希望全国所有学校都要采取多种多样、生动活泼的方式,对学生进行“五讲四美三热爱”教育。因为许多青年缺乏历史知识,不能深刻地了解祖国的今天,迫切需要对他们补上这一课,使他们满怀信心和激情创造祖国光辉灿烂的明天。

(三) 教育部、中央文明办部署文明校园创建活动

为深化中国特色社会主义和中国梦学习教育,进一步培育和践行社会主义核心价值观,扎实做好学校精神文明建设工作,按照中央文明委有关工作部署,在全国各级各类学校普遍深入开展文明校园创建活动。

指导思想:全面贯彻党的十八大和十八届三中、四中全会精神,深入贯彻习近平总书记系列重要讲话精神,紧紧围绕“四个全面”战略布局,围绕立德树人根本任务,充分发挥广大师生参与文明校园创建的积极性,把学校建成培养中国特色社会主义建设者和接班人的坚强阵地。

基本原则:坚持价值引领,把培育和践行社会主义核心价值观贯穿于创建活动全过程;坚持贴近师生,使每一名师生都成为创建活动的实践者和受益者;坚持注重实效,引导创建活动稳步推进、普遍开展,力戒形式主义;坚持广泛参与,把创建活动延伸到班级、宿舍和每个师生员工,夯实校园文明根基。

总体目标:通过文明校园创建活动,健全工作机制,提高师生公民道德、职业道德、文明修养和民主法治观念,提高校园文化生活质量,使校园文化内容健康、格调高雅、丰富多彩,提高校园文明程度,使校园秩序良好、环境优美,育人环境进一步改善。经过 2015 年至 2020 年的持续推进,实现高

校、中小学文明校园创建活动100%覆盖，使文明校园创建工作成为精神文明建设的响亮品牌。

主要内容：以立德树人为根本，以学生为中心，加强师德建设，重点围绕领导班子建设、思想道德教育、活动阵地建设、教师队伍建设、校园文化建设、整洁优美环境等方面开展工作；同时，公布高校、中学、小学文明校园具体标准。

同时，明确中央文明办负责组织推动各地文明办开展文明校园创建活动，将文明校园创建纳入《全国文明城市测评体系》和《全国未成年人思想道德建设工作测评体系》，赋予相应评分权重，促进形成自下而上、整体联动创建的格局。

2017年11月，中央精神文明建设指导委员会发布关于表彰第一届全国文明校园494所学校的决定，上海市获得全国文明校园的学校有：上海交通大学、上海大学、上海市大同中学、上海市曹杨第二中学、上海市第一师范学校附属小学。

二、“文明校园”联盟的特色

（一）杨浦区是上海高校的集聚区

在新中国成立前，杨浦区就素有“上海学府中央区”之称。1949年新中国成立后，上海共有高等学校44所，在1952年的全国大学院系调整中，通过保留旧校、建立新校及合并、外迁、停办等方式，上海的高等学校被调整为15所。杨浦区基本上保留了原来的高等学校格局，除原有的复旦大学、同济大学、上海财经大学、上海外国语大学、上海体育大学、中国人民解放军第二军医大学、解放军空军政治学院外，为培养新中国的各类专业建设人才，又相继创办了一批应用型专科高等学校，如在沪江大学原址上创办了上海机械学院、上海电力大学、上海建筑材料工学院、上海出版印刷高等专科学校、上海轻工业高等专科学校、上海医疗器械高等专科学校、上海城市建设学院、上海金融高等专科学校等。

1978 年改革开放后，上海办起了成人高校，在杨浦区就有上海电视大学、杨浦区业余大学等。开办的民办大学有上海济光职业技术学院、上海东方文化职业学院等。截至 2018 年底，据不完全统计，在杨浦的高等教育学校有 15 所之多。

（二）“三区联动”是“文明校园”联盟雏形

1. “大学的城市、城市的大学”

大学历来是知识创新源泉，坐落在五角场的“创智天地”就是最好的注释。截至 2018 年底，据不完全统计，杨浦区有近 4 000 家中小科技企业在大学周边集群发展，其中有 80%具有高校背景。对创业者而言，高校、科研院所是杨浦创新发展的核心资源。杨浦拥有包括复旦、同济、上海财经大学等全国知名高校，有近 20 万大学生，1 万余名教授。国家和市级工程技术研究中心 21 家，科研院所百余家，各类人才云集。目前，在校本科生、硕士生分别占全市 15%、20%左右。“两院”院士 62 名，占全市 33.5%。国家和上海市重点实验室有 33 个，占全市五分之一。集聚国家“千人计划”160 人，占全市 20.8%；海外高层次人才 282 人。大学生科技创业人数占上海二分之一，由大学师生为创业主体的中小科技企业近 3 900 家。

2. 杨浦区是全国知名的“知识创新区”

2010 年 1 月，国家科技部正式授予杨浦为国家创新型试点城区，杨浦由此提出《杨浦国家创新型试点城区发展规划纲要》，进一步调整和优化城区空间布局。

杨浦知识创新区在空间上覆盖区域全境，以“三区联动”为发展的指导方针进行合作、互动，根据区域内高校的分布状况，高校校区规划为西区、东区和北区三个区域，西区规划以复旦大学、同济大学、财经大学等为核心；东区规划以上海理工大学、上海海洋大学为核心；北区规划以海军军医大学

(原第二军医大学)、上海体育学院为核心。另外,复旦附中、交大附中、控江中学、杨浦高级中学、同济大学第一附属中学、上海理工大学附中、市东中学、中原中学等上海市名牌高中也云集杨浦。因而,杨浦被称为上海的“学术区”,在教育质量方面具有相当优势。

(三) 杨浦“文明校园”联盟特色

1. 从“三区联动”到“文明校园”联盟

迈入21世纪以来,杨浦积极发挥科教人才优势,推动创新创业主体发展,走出了一条从“工业杨浦”到“知识杨浦”再到“创新杨浦”的创新驱动、转型发展之路。同样,杨浦区提出的“三区联动”(社区、校区、园区),是秉承“三区联动,创新发展”的理念,将杨浦区的高校资源,以共同目标、共同利益、共同需求为纽带,积极探索从创建“文明校园”到“文明校园”创建联盟。

“文明校园”创建联盟最早发源于四平路街道。未成年人思想道德的教育培养,是一项持久的、长期的任务,加强未成年人思想道德建设,也是全社会的共同责任。2012年,四平路街道党工委在开展创建文明城区中,探索充分发挥社区学校教育资源的作用,通过深入调研,发现所在的环同济知识经济圈是杨浦“三区一基地”建设的重要功能区,辖区内形成了优质教育资源集聚,有全国“985”重点高校同济大学及杨浦高级中学、打虎山路第一小学、上海师范大学第二学校附属小学、本溪路幼儿园等一批覆盖各学龄阶段的知名学校,而这些学校也分别成功创建为区级、市级、国家级文明单位,具有内涵丰富、特色鲜明的精神文明创建经验。为此,决定由街道党工委、办事处牵头成立环同济四平社区教育联盟,得到所在街道区域内17所学校的一致响应,积极营造了“社区的大学,大学的社区”的祥和氛围,得到杨浦区委、区政府领导的充分肯定,区文明办给予积极指导和帮助。

2. 创建融“三位一体”的“四平社区教育联盟”

四平路街道最初创建的“四平社区教育联盟”,其主要宗旨是落实《中共中央国务院关于进一步加强和改进未成年人思想道德建设的若干意见》,加强和改进未成年人校外教育工作而发起成立的,其目的是进一步加强和改进未成年人校外教育工作,确保未成年人德、智、体、美全面发展,充分发挥社区校外教育资源的作用,使广大未成年人在丰富多彩的校外活动中增长知识、开阔眼界、陶冶情操、提高能力、健康成长。

随着时代的发展、科技的进步,未成年人接受知识能力的逐渐增强,未成年人的思想道德建设面临的新问题、新趋向也日益突出,加强和改进未成年人的思想道德建设的任务越来越重。5 年来,四平路街道积极推进未成年人思想道德建设,构建学校、家庭、社会“三位一体”的教育网络,通过“四平社区教育联盟”这一平台,邀请学校教授、专家和高级教师,来社区开办各类教育教学课、思想道德建设讲座、各类专场活动累计数百场,共有近万名的学生和社区居民参加并从中获益,进一步强化了学生的德育工作。“四平社区教育联盟”的作用还体现在家庭教育工作水平进一步提升。街道还出资 50 万元成立“同济名师讲学团终身教育发展基金”,18 位讲学团的成员中有院士、教授、博导、劳模和艺术家,他们走进社区,面对面地为居民举办科普、健康和文化等讲座,社区居民通过参加各类活动,使文明家庭创建活动进一步深入,营造了浓厚的知荣辱、讲文明、促和谐的社会氛围,提高了社区广大居民的素质,促进了健康社区、和谐社会的建设。

3. 共谋发展,创建“区校联动”示范群

“四平社区教育联盟”中的“领头羊”同济大学一直与四平路街道紧密合作,从 2012 年起至今已与四平路街道共建合作了 105 个项目,如社区“法律咨询信箱”、环同济科技园区职工书屋、青年创业孵化平台、同济四平妇女之家等,为社区的精神文明建设工作增添了浓郁的创建氛围。2016 年街道与同济大学合作组织开展“城市治理与社区发展”国际学术研讨会,来自美国、法国、加拿大、日本等国家和复旦、交大、同济等高校的专家以及街道(镇)主要领导,围绕“城市治理与社区发展”主题进行交流研讨,进一步提升了建设健康社区水平。

通过“四平社区教育联盟”，社区和学校实现“区校联动”，共建文明、和谐、创新的社区。例如创办“四平空间创生”平台，让同济大学不同领域的设计师、艺术家和师生们走进四平社区，了解居民对生活美好的追求、对公共空间的意向和需求，与居民一起设计制作，使街区的围墙、躺椅、海报走廊、街头雕塑、绿化小景甚至窨井盖、垃圾箱等都发生了令人惊喜的改变，特别是“楼道微改造”“我们的百草园”“363 芳园”和“360 艺术装置”等公共空间优化项目，大大提升了老旧社区外观和居住环境，更让社区居民体验到创建全国文明城区在四平社区取得的硕果。

三、“文明校园联盟”与“文明发展”

（一） 创建“文明校园”联盟，提升“文明发展”水平

2017 年“六一”前夕，四平路街道在全区创建全国文明城区中，为了使创建工作上新台阶，发动街道区域内所有学校参加创建工作，在原有的“四平社区教育联盟”基础上成立“文明校园”创建联盟，受到积极响应，有 17 所学校正式“结盟”，旨在突破以往各自为营的、封闭式模式，构建一条体系完整、开放共享、渐次递进的创建链条。这 17 所学校每月一次召集各校联络人开展例会，形成各学校在教学资源、场地等需求上的供需对接，打通校园之间的围墙，实现开放共享的创建格局。

四平路街道“文明校园”创建联盟的经验经过区文明办的总结和提炼，秉承“三区联动，创新发展”的理念，将“文明校园”创建联盟推广到全区所有街镇和院校。区“文明校园”创建联盟建立思想道德建设、时代精神和诚信教育的交流大平台，更是落实精神文明建设创新发展的重要载体，目的是践行社会主义核心价值观，贯彻执行党的教育方针，培育“三爱四有”新人。2018 年，杨浦区继续推动以复旦大学和上海理工大学为核心校的“文明校园”创建联盟，不断丰富“文明校园”的创建内涵，分享彼此创建经验和优

势，切实提高“文明校园”的创建水平，开创“联手联创联谊、共建共享共赢”的新局面。

（二）“文明校园”创建联盟彰显“文明发展”含金量

1. 围绕高校发展和杨浦战略定位，创建“文明校园”联盟

杨浦高校和杨浦区地缘相融、人缘相亲的历史和资源共享、共建共赢的校地合作，多年来都紧紧围绕国家和市委、市政府对杨浦发展和高校发展的战略定位和期盼，紧紧盯住杨浦发展趋势方向，紧紧依托区校双方的优质资源，产生了良好的经济社会效应、示范引领效应和辐射带动效应，为全市校地合作探索了行之有效的范式。

以杨浦高校为主的“文明校园”创建联盟，作为高校一方将为推进杨浦加快发展、转型发展，推进“三区一基地”建设，一如既往地主动承担大学的社会责任和使命担当，为国家和上海加快实施创新驱动发展战略作出应有的贡献。作为杨浦区也将围绕上海建设国际一流卓越城区，更加突出区校交流合作，更加突出城区文明和“三区联动”的融合，更加突出落地落实，共同抓住“双创”和“双一流”的历史机遇，努力开创杨浦更加美好的明天，为上海建设“五个中心”作出更大的贡献。

2. 围绕杨浦建设国家创新型城区，创建“文明校园”联盟

杨浦区的未来发展，概括起来就是“三区一基地”，即国家创新型城区、上海科创中心重要承载区、更高品质国际大都市中心城区、国家双创示范基地。期待杨浦区的高校为杨浦建设国家级创新型城区加强合作和联动，更加突出构筑知识产业体系，更加突出大学生创新创业氛围的营造，为杨浦的发展作出应有的贡献。

2017 年 4 月 15 日，复旦大学和杨浦区举行项目合作协议签约仪式，聚焦新兴产业，全力助推“双创”，双方签订了《关于共建智能产业发展战略合作伙伴关系及上海智能产业创新研究院协议》，将聚焦双方创新政策资源、

研发资源，共同打造国家级人工智能研究和产业化应用中心。双方还签订了《关于深化区校合作建立干部人才培养交流机制的协议》，今后将在产业发展和科技创新等领域，进一步加大区校互派干部挂职锻炼和人才交流使用力度。2019 年 3 月 21 日，杨浦区主动走访上海财经大学，双方从党建联建、同创共建和科技金融三个方面加强合作联动。杨浦区还主动走访上海体育学院，召开区校协同创新专题会，依托上海体育学院反哺杨浦区基础教育，推动体育产业融合发展全民健身和健康服务等方面。

3. 围绕大学生创业和健康成长，创建“文明校园”联盟

杨浦区始终围绕“三区联动、三城融合”，充分发挥区校合作联盟作用，促进大学生创业和就业工作，努力打造大学生创业就业“杨浦模式”，将双创动力转化为区域经济发展实力，让大学生真正成为推动杨浦发展的新引擎。为整合区域各类资源，形成育才、引才、用才的合力，加快推动杨浦“三区一基地”建设。2016 年，杨浦区为加快推进国际双创人才基地建设进程，紧密联系各个高校，促进校地人才合作交流，建立长效议事机制，携手 10 所高校召开杨浦区高校人事处长例会第一次会议，积极推进国际双创人才基地建设进程。2018 年，杨浦区召开国际双创人才基地高校校友总会联盟筹备会议，得到 10 所高校呼应，在《国际双创人才基地高校校友总会联盟工作规程》和《联盟合作清单》中，提出“子衿向阳”四大专项，以及校友“心港湾”、招才引智“广角镜”、双创项目对接“直通车”等六项合作清单，使杨浦成为创新人才成长，促进大学生就业，实现梦想的沃土。

在创建“文明校园”联盟中，杨浦区十分关注大学生的体质健康。2019 年 5 月，杨浦区举办了第二届高校联盟系列赛，16 所上海高校共 700 余名师生汇聚上海理工大学的赛场上拼搏进击。本次高校联盟系列赛包括篮球、羽毛球、乒乓球、跳绳、自行车和力量托举、团队勇士挑战赛 7 个项目，较上届高校联盟赛新增了力量托举、自行车骑行和团队勇士挑战赛 3 个项目，受到高校学生的欢迎。高校联盟系列赛极具杨浦特色，也是杨浦践行“三

区联动”发展理念的重要体现,旨在加强区域各高校体育交流,探索高校与区域联动、体育资源共享的“双赢”模式,打造杨浦大众赛事品牌,扩大“知识杨浦”“创新杨浦”的影响力。

(三) 依托“文明校园”创建联盟,建设“公益服务团队”

“公益服务团队”是杨浦区“文明校园”创建联盟多年来精心打造成的一张名片。其前身是 2016 年 9 月同济大学正式注册的“提米社区服务中心”。“提米社区服务中心”以“公益服务团队”的身份正式服务于四平路街道密云路社区睦邻中心,是一个具有同济特色的公益团队,是杨浦区公益组织中影响力较大的一支师生团队。目前,杨浦“公益服务团队”已初步完成“社区、社会组织、政府携手推进社区治理,为社区居民和区域内学习工作的各类人群提供服务、交往、结社、治理与公益的平台,最终为推进社区居民自治探索一条可行的路径”的目标,已取得了一些研究成果:《新媒体对社区管理改进的研究》《杨浦区睦邻中心的发展及推广价值研究》《探索社区治理新平台——以杨浦区密云路社区睦邻中心建设及运营为例》《多主体治理视角下我国城市社区服务供给机制研究》《探索社区治理新平台——以杨浦区密云路社区睦邻中心运营为例》。

1. 构建新老结合的志愿者团队

团队始终坚持社会主义核心价值观,把精神文明建设作为改善服务、提升形象、促进各项工作发展的重要手段,以“打造公众空间,提供居民交流平台;强化公众服务,引导居民共建共享;开展公众活动,增强社区凝聚能力”为目标,引领社会文明风尚,弘扬志愿服务理念,在提升市民文明素质和城市文明程度上起到引领作用。

“公益服务团队”致力于打造大学生志愿者与专业社工相结合的服务模式,目前以同济大学政治与国际关系学院志愿者为主体,跨越多个学院及学校,吸纳了包括同济、复旦、上外、华师大在内的多所高校的学生志愿者。

同时，建立有社区工作经验的社工队伍，形成新老结合、相互配合做好睦邻中心运营，共享资源互帮互助，从而达到互利共赢的和谐局面。

2. 引领社区居民共同参与“公益服务团队”

“公益服务团队”以社区志愿服务为核心，同时开展社会调研、公益项目策划执行等活动，以专业化、社会化的形式，服务贡献于社会公益事业。

在四平密云睦邻中心的运营实践中，建立居委会与睦邻中心联席会议制度，开创“居居联动”工作新模式。同时，通过新旧媒体交互使用扩大睦邻中心功能推介，并不断发动学生志愿者深入社区调研与宣传，进行帮扶活动以起到示范作用。定期邀请相关专家学者、领导干部召开社区治理理论研讨或沙龙。同时，坚持了行之有效的制度，如睦邻中心联席会议制度每半年一次；专题理论研讨会每半年一次；媒体推介、志愿者调研、睦邻中心帮扶贯穿于日常工作中。

3. 注重培养社区志愿者和居民三个“自我”能力

“公益服务团队”紧密依靠同济大学政治与国际关系学院的师生团队，核心成员具有专业的国际关系、国际传播、政治学、社会学的理论背景，也有丰富的社会调研、社区研究的经历，在理论与实践的结合中不断探索社区睦邻中心发展的新模式，宣传精神文明建设、弘扬志愿服务理念。团队基于学科专业基础，在提供公共服务的同时，致力于为社会治理、社区功能建设等问题提供解决方案，每季度提交基层民意调查报告一份，服务于社区建设与发展。

为培养大学生志愿者和社区居民“自我管理、自我教育、自我服务”的能力，“公益服务团队”以提供场地使用便利与优质服务为核心，首先稳固现有团队，形成团队的规范化、制度化建设；为提高团队交流平台，提升团队自我能力，还不断孵化新生团队，规定公益服务团队建设会议每半年一次、团队骨干培训每半年一次。

4. 以惠民服务为宗旨助推社区文明建设

“公益服务团队”在进一步提供服务便利、活跃社区文化、促进居民交流、增强睦邻中心凝聚力方面不断努力。项目团队针对不同的群体，通过多次走访调研，并设计不同的主题活动或特色活动。针对老年人群体需求，提供常规老年服务项目，如部分健康体检服务、修脚服务、心理和法律咨询等；针对中、青年群体需求，开设青年人论坛、开展节日活动系列（七夕派对、脱口秀等）；针对社区居民需求，利用国家法定节日及其他重大纪念日开展系列庆祝与纪念活动，通常小型活动20—30人、中大型活动50—100人的服务规模。

在实际运营过程中，项目团队创新开展一系列服务各类人群的大小活动。项目成立之初，本着“健康社区”理念，引进自助式健康管理项目，附近居民可自助完成身高体重、血压、心脏监测等健康管理，并通过电子数据收集，帮助居民定期、定点实现健康监测，提升居民健康管理意识；项目团队加强了街道与高校合作，举办了由统一集团赞助、上海交通大学主办的“茗新说”，校园“脱口秀”大赛，在10所高校的分赛区中，项目团队携手睦邻中心承办同济赛区活动；在“智慧社区”新型社区治理理念下，将“邻里社区”线上平台引进睦邻中心，致力于打造以“互联网”为核心的O2O智慧社区新模式；开展“法致睦邻”——“久久重阳法相伴”法制宣传教育活动，并围绕老年人权益保护与其他专家、学者、社区居民进行讨论；团队对接儿童教育机构“动手派思维馆”开展系列儿童益智活动，如“数学之美：神奇的黄金螺旋线”以及“思维风暴：奇妙的迷宫游戏”等。

杨浦区“公益服务团队”今后还将坚持“社会所需、群众所求、团队所能”的原则，坚持围绕社区精神文明建设，服务人民群众所需，开展团队各项活动：一是积极拓展服务领域，不断创新社区治理模式；二是做好团队管理培训工作，提供优质服务，提升团队品牌影响力；三是推进团队活动进社区、进学校，促进公益事业在创新社会治理、倡导文明新风、建设和谐社区中发挥更重要的作用，为杨浦区创建全国文明城区作出更大的贡献。

第八章

杨浦“文明发展”的新风尚

志愿服务是指任何组织或个人在一定时期内自愿无偿地贡献自己的时间、技能、善心、精力等，服务社会公众生产生活和促进社会发展进步的公益性利他行为。它是经济社会发展到一定阶段的产物，社会各界广泛参与其中的公益性社会行动，志愿服务事业的兴起与现代社会工业文明的发展需求相契合，促进了社会的和谐发展，彰显了中华民族的传统美德，传播了社会正能量。志愿服务与全国文明城区创建活动从两者诞生之初起，就可以说是紧密相连的，一方面志愿服务嵌入到创建全国文明城区的每一个具体环节，另一方面又在创建全国文明城区的过程中丰富了志愿服务的理论与实践。杨浦区文明办、区志愿者协会根据相关要求，重点围绕杨浦志愿服务建设开展工作，将志愿者制度化建设作为研究课题，深化志愿服务工作，现志愿活动已经成为杨浦区文明发展新风尚。

一、　志愿者服务创建活动

全国文明城区的测评体系中，明确将志愿服务作为一项重要的考核目标。志愿服务的蓬勃发展为推动社会文明进步、增加社会公共福祉和共创人类更加美好的未来发挥着越来越重要的功能。志愿服务是继政府服务、市场服务后一种重要的社会服务力量，它的出现弥补了政府和市场的不足，它以无偿奉献为基础，以广大民众自愿参与为途径，以政府和市场服务所不及的需求为对象,已得到越来越多的民众的关注和社会的支持,同时其突出的公益性质和社会效应也得到政府的欢迎与支持。

(一) 动员区域志愿服务资源,构建志愿服务品牌

宣传激励,广泛动员志愿服务资源。随着志愿服务事业蓬勃发展,参与人员不断增多,服务内容日益丰富、领域不断拓展、形式持续创新,志愿服务在提高公民道德素质、培育社会文明风尚方面发挥着越来越重要的作用,已成为新形势下加强精神文明建设的有力抓手。志愿服务阵地为志愿者搭建了交流、学习、实践和维权的平台,是承载志愿服务理念和模式、促进志愿服务活动常态化开展、培育优秀志愿服务项目的重要依托。杨浦区大力弘扬"奉献、友爱、互助、进步"的志愿精神,宣传普及"学习雷锋、奉献他人、提升自己"的志愿服务理念,推广志愿服务经验,展现优秀志愿服务组织和广大志愿者的良好形象,是培育志愿服务文化的重要举措。如滨江园区定期围绕社会主义核心价值观、文明旅游、文明交通、身边好人等主题,开展一系列大桥特色的文化传播活动。

立足区域特色,构建志愿服务品牌特色。鉴于之前开展志愿服务活动缺少固定阵地而影响志愿服务效果的实际情况,杨浦区近年来坚持打造实体化服务阵地,其中涌现出了一些具有社区特色的志愿服务品牌。如长白街道的长白志愿服务中心注重打造特色队伍,发挥典型引领的积极作用,中心直属管理"银龄助医""控烟志愿者""乐活长白"三支特色队伍。其中作为十大"上海市优秀志愿服务品牌"之一的"十姐妹"项目已成为长白社区志愿者的优秀典范、领军人物,她们邻里守望志愿服务的事迹被广为宣传,陆续获得了"上海市群众喜爱的社区志愿服务项目""上海市群众喜爱的培育和实践社会主义核心价值观优秀项目"等多项荣誉称号,2018 年还成功获批为市志愿服务公益基金资助项目。

整合志愿资源,搭建志愿服务平台。杨浦区街道在市、区文明办的指导

下，积极引入社会组织，广泛动员各方面力量参与志愿服务。如延吉街道在2011年12月建立了上海市第一家社区志愿服务中心，在第三睦邻中心内开辟了150平方米的专属工作区和1 300平方米的多功能服务区，为志愿服务工作固化阵地。明确了中心在街道文明办的统筹指导下，组织、协调、策划、实施、管理辖区内的志愿服务工作。整合社区层面项目、队伍、资金等资源，规范项目开发、实施、管理、评估等流程，畅通志愿服务供需渠道。中心的建立，有效聚集了民政、妇联、工会、共青团、残联等部门的力量，整合了社区、高校、企业的资源，强化了志愿者队伍的统一管理。除此之外，杨浦区要求各个街道整合街道各科室、社区各居委现有志愿者资源，对志愿者工作情况进行排摸、梳理和统计，在现有志愿者基础上贴合社区居民需求进一步发掘潜在志愿者资源，运用上海市“志愿云”网络系统，借助街道已有网络平台和待开发的微信、微博信息平台、宣传活动以及小区推介等形式，连接高校公益服务类社团与各类协会，壮大街道志愿者团队。如杨浦区大桥街道依托大桥滨江段党建服务站的平台资源，全力打造大桥特色的“阅”空间，面向广大居民群众提供集思想引领、精神力量和人文滋养于一体的新型服务项目。突出志愿服务中心的引导功能，志愿服务中心功能优化评估不仅是一次考核，对中心各项工作更是一种提升，如控江路街道志愿服务中心将以评估为契机，通过不断弥补短板、优化发展，深入推动志愿服务中心标准化配置、规范化管理、项目化推进、品牌化运作，切实将中心建设成为社区枢纽型志愿服务平台。

（二） 创新志愿服务组织形式，完善志愿服务模式

以服务群众为目标，优化志愿服务组织机构结构。杨浦区将各个志愿服务站点建设作为开展志愿工作的重要基地，志愿服务站点是落实文明引导的基础保障机制之一，面对现实中志愿服务站点设置不均衡和不足的问题，杨浦区明确志愿服务站点的建设要求和标准，进一步加强志愿服务站点

的建设，扩大覆盖面以利于社会参与和志愿服务活动的开展。同时，志愿服务组织内部在活动的策划、人员的联络、活动的安排指挥、活动的执行等不同环节和部门实行人员的分工合作。各个窗口服务行业结合部门自身实际情况设置志愿服务岗，配备志愿服务人员，提供基本的志愿服务条件，形成常态化的服务项目，推动志愿服务向人群最为密集、与市民生活最为密切的领域拓展，开展形式多样的志愿服务活动，为市民提供更为优质、便捷的志愿服务，广泛传播文明理念。

全民参与，开启全民志愿服务新模式。文明城市建设是一项系统工程，具有群众性的特点，其基本理念是以人为本、创建为民、共建共享。市民是创建文明城市的关键，市民是创建文明城市的主体，其参与和支持力度直接决定着创建的成功与否。杨浦区各级单位积极发动市民广泛参与，把创建的过程，变成市民自我教育、自我完善、自我提高的过程，变成对城市的认同感、归属感、自豪感的过程。杨浦区始终把文明城市创建的群众参与度、满意度作为衡量创建工作成效的重要尺度，坚持面向群众，紧紧围绕群众的需要来开展工作，努力拓展工作的受众面，夯实工作的群众基础，坚持把提高市民文明素质作为创建工作的出发点和落脚点，达到群众在参与中接受教育、提高素质的目的。坚持服务群众，把创建与解决实际问题结合起来，使市民得到更多的实惠，增强了创建文明城市工作的效果。

志愿服务资源对接，建立多向度联动机制。在项目实施过程中，杨浦区依靠街道的政策与资源支持，连接街道网络平台和上海市志愿者网，结合区域内高校、社区与企事业单位的力量，发挥社会组织的优势，对辖区志愿者团体与个人进行资源整合，并以志愿者信息管理系统、微信平台、网络平台等信息化方式推行归口管理，开展志愿者管理、志愿者反哺、志愿者培训等工作，提升区域内志愿者数量与服务质量，并进行重点培育，打造符合“国际化”“智能化”“生态化”发展要求的志愿者服务体系，迎合上海志愿者协会对志愿者管理实现专业化储备、规范化培训、品牌化培育、项目化使用、信息化支撑、分级化管理、社会化运作的新要求。如新江湾城街道为了体现志愿服务中心工作特色,牢牢把握“供需对接”的工作精神,在微信平台上,居民可以发布心愿,志愿者可以认领服务。在3月5日学雷锋志愿活动过程中,也加入了居民需求征集环节。让志愿者在合适的领域发挥实效性作用,是新江湾城街道的目标之一。为此,新江湾城街道设计企业和社区的公益项目,给予企业平台,服务社区、回馈社会,为推进社区自治发挥积极作用。

(三) 构建多元融合服务体系,提升志愿服务治理能力

多元主体参与,拓宽志愿服务主体参与渠道。随着市场经济的不断发展,我国公民利益诉求向多元化趋势发展,创建文明城市这项系统工程,需要政府、公民和第三方组织共同推进。杨浦区积极发挥政府及志愿组织的动员能力,利用组织内的资源来开展活动,实现对组织内资源的充分动员。在短时间内有效推动某项志愿服务活动的大力开展,在未来的志愿服务发展中还应该继续发挥组织化动员优势,服务于志愿服务工作的开展。善于运用新兴的技术手段和方法,从青年的角度去发挥组织化动员的优势。同时拓宽社会成员参与渠道,社会化动员作为一种社会发展的动员趋势,能够为志愿服务凝聚更多的力量,提供重要的组织基础和志愿服务队伍基础。杨浦区把握辖区内市民的时代特点,拓宽社会化的动员渠道,寻找适应不同年龄层次的动员方式,如运用网络新媒体吸纳招募志愿者等,从而保证志愿者队伍的活力。志愿服务的社会化动员有利于扩大志愿者的外围组织覆盖,延伸志愿服务触角,科学配置志愿服务资源,营造浓厚的社会公益氛围,具有更加强大的号召力和凝聚力。如杨浦区强化志愿者登记注册,规范服务活动,积极推动志愿服务的常态化、项目化发展,做到工作有序、组织有力、管理有效、服务有质。市区各级文明单位要努力达到市文明办规定的员工覆盖率在20%以上、党员志愿者覆盖率在90%以上、全行业从业人员志

愿者覆盖率在12%以上。①

多样性志愿服务供给,迎合志愿需求多元化趋势。加强社会建设,需要打破“大政府、小社会”的传统体制,建立起政府与社会组织之间良性互动的伙伴关系,形成政府与社会协同合作的生动局面。志愿服务一改过去行政化、命令式的动员方式,以较低门槛、小微分散、可长可短的灵活方式,通过各种途径积极主动地参与公共事务,及时传递民众的不同需要和利益表达,不仅是拓宽民主参与渠道、创新民主参与方式、体现人民当家作主的重要手段,而且有利于促进国家、政府与公民之间的有效沟通,进一步激发社会组织活力,对于形成党委领导、政府负责、社会协同、公众参与、法治保障的多元社会治理格局具有重要作用。社会志愿服务的供给需要立足于社会志愿服务需求,社会需求则包括了公众的各类具体需求,由于其需求面广量大且变化多样的特点导致志愿服务与社会志愿需求的要求更加严格。随着经济社会的发展,志愿服务精神不断得到弘扬,志愿服务理念逐渐深入人心,从被服务对象角度分析,志愿服务需求逐渐多元和分化,潜在的服务对象希望能够得到满意的志愿服务,而从服务提供方即志愿者角度分析,希望能够根据自己的技能和特长帮助更多的人,得到更多人的认可和肯定,由此,志愿服务的范围和领域得以扩展和丰富。如长白新村街道志愿服务中心通过一年两次对社区居民进行需求调查,充分了解百姓的急难愁,中心与辖区企事业单位、志愿服务基地进行资源整合,近两年来,陆续与杨浦中心医院分院组建“银龄助医”志愿服务队,与社区卫生中心、上海理工大学合作成立“爱心支援”志愿服务队,与杨浦区精神卫生中心、社区“民生在线”等开展结对共建,不断丰富社区志愿服务常态化项目、扩大受益面,最大程度满足居民对志愿服务的需求,切实回应老百姓的诉求。

志愿主体培育,提升志愿服务治理能力。志愿组织在文明城市创建中

---

① 郑星霞、徐加宏:《大力弘扬志愿服务精神——杨浦区推动“社区志愿服务中心”建设的做法与经验》,《党政论坛》2013年第1期。

的组织效用主要是协调社会关系、发展社会慈善公益事业、解决社会矛盾等,这是由志愿组织的非营利性质和服务社会的职能所决定的：宣传解读政府的新政策新法规,减少执行阻力和摩擦,促进政府与社会的良性互动;履行环保、市场监督、文教、民主监督等社会责任,提供更多个性化、多元化、精细化的社会服务,弥补基本公共服务体系的不完善;投身社会慈善公益事业,特别是在社会教育、医疗救助、就业指导等领域为弱势群体提供更多的帮助,直接或间接缓解社会矛盾,维系社会稳定。近年来,杨浦区在区委、区政府领导的高度重视下,社会组织培育发展工作形成了良好的态势,社会组织不仅在数量上持续增长,同时,在社会治理体系和治理能力现代化的进程中也发挥了越来越重要的主体作用,成为创新社会治理、加强基层建设的重要依靠力量。如 2011 年,为了进一步支持“草根型”社会组织的培育和发展,以项目运作推进社会组织服务社区,杨浦区社会组织服务中心在全市率先以“杨浦区公益总动员”的形式拉开了区社会组织公益创投活动的大幕,至今已推行了 8 年。杨浦区从政策、资金层面鼓励志愿服务的发展。志愿服务是公民参与的一种体现形式,引导志愿服务组织建立人性化的激励机制,对志愿服务活动形成正向激励,从而为志愿服务提供强有力的支持,增强志愿服务发展的可续性。

二、 志愿者服务制度化建设

推行志愿服务制度化,对于推动志愿服务持续发展,促进志愿服务活动常态化,培育社会主义核心价值观在全社会形成向善的力量,具有十分重要的意义。志愿者参与活动的合法权益能够得到应有保障,劳动成果能够得到社会认可,奉献时间能够得到相应回馈,是当前推行制度化的首要任务。

（一） 健全志愿服务法规，提升志愿服务制度化水平

健全志愿服务法律规范文件,实现志愿服务行为规范化。志愿服务使

现代社会形成了新型、先进的人际关系，表现为志愿者与服务对象之间以自愿为基础的互助关系。既然新的社会关系已经形成，就应有相应的法律来加以调整和规范，否则就会出现无序化、短期化。对志愿服务进行立法是国际上通行的做法，立法保障也是国际志愿服务能够持续发展的一个根本原因。市民的参与权利需要法律制度来保障，通过完善法律制度，促使志愿活动程序化、制度化，也规范市民参与志愿活动的目的和行为。杨浦区建立民意调查制度能直接了解市民的愿望和需求，获得市民的意见和建议，使得志愿活动更符合市民的需求，获取市民的理解和支持，民意调查要求建立调查—反馈—再调查—再反馈的运作机制，并长期畅通下去，形成与市民的良性互动，加强志愿服务行为规范化。同时，现代城市人口高度聚集、社会活动丰富、人际关系复杂，因而需要政府采取有效措施加强对城市的有效管理，维护城市的有序性和法制性，为文明城市创建提供稳定和健康的基础保障。当前我国还没有一部专门针对文明城市创建适用的法律法规，杨浦区根据不同志愿服务情况，要求制定相应的规范性文件，如《上海市杨浦区志愿者协会章程》，进一步规范志愿服务行为。杨浦区协同创建中发现的困境依旧需要在区域内合理规划统筹安排予以解决，因此势必要在区域内建立起一套着实有效的法律保障制度，依靠法律手段约束和调控文明城市带创建中各个主体的行为，对破坏文明城市带创建工作和结果的行为，要追究法律责任，规范文明建设工作中的各个专题活动，并作出与之相匹配的法律法规监督管理，建立健全配套机制。

健全监督保障制度，确保志愿规范有效执行。权力唯有处在监督体系中，方可有效确保其中的公平、民主。监督制度实际是一种强调双向互动的方式，不但涵盖了政府对其余主体的监督，亦涵盖了其余主体如企业等对于政府的监督，通过监督制度的建立，调节各主体的特殊利益和社会主体利益，形成政府、企业、志愿组织、公民个人四位一体的监督体系。完善的监督保障制度，可以保证好的制度得到有效贯彻执行。缺乏及时、有效的监督保障,再好的制度也难以得到有效的贯彻执行。在实际执行过程中,市委、市政府不断鼓励、支持、保护执法部门建立健全监督制度,聘请荣誉市民在监督中发挥作用。在实际执行过程中,不断实践,不断完善文明城市政策、法律法规的调控、保障机制,逐步建立了管理规则的规范、纠偏、引导、保护机制。开展文明城市创建离不开公平公正的法治环境,它是城市稳定有序、社会和谐的重要保障。创建全国文明城市,必须强调和确立法律法规的权威。畅通志愿者维权通道,志愿者在参与志愿服务过程中,难免会遇到权益遭受侵害的现象,针对这一现象,杨浦区要求设置志愿者维权部门或公布志愿者维权渠道,安排专门工作人员,帮助志愿者解决权益侵害难题。在招募志愿者时要为志愿者及时购买意外伤害保险,提前做好防范措施,在志愿者权益受损后,法律援助机构也要为求助的志愿者免费提供法律咨询、司法受理等服务,畅通志愿者维权渠道,维护志愿者的合法权益。

(二) 梳理服务管理制度,规范志愿服务标准化流程

优化志愿服务制度体系,加强志愿制度管理。杨浦区民政局对志愿服务活动的管理主要体现在社会组织方面,民政局内设社会组织管理部门,负责志愿组织团体、民办非企业单位及其分支机构的登记管理工作,并承担对其管理和监察的责任;同时承担社会组织信息管理工作,指导和监督全市社会团体、民办非企业单位的登记管理工作。对志愿组织进行有效监督,不仅是规范志愿组织行为的制度安排,也是提高志愿组织活动透明度,反映志愿组织公共服务效果,提升志愿组织公信力、影响力和执行力的重要保障。优化志愿服务的制度体系建设,包括管理、评估、激励、保障以及监督环节都要保证制度化运行志愿服务体系。管理环节将更多的主题纳入志愿服务的管理体系中,实现科学与规范化管理。要将评估落于实处,将志愿服务的内部评估与外部评估结合起来,将团队评估、项目评估与志愿中心评估结合起来,将短期评估与长期评估结合起来。对志愿者的激励要始终坚持精神激

励为主,树立社会共建的责任意识。对志愿者的保障从多方面出发,包括志愿者的生活、医疗、安全以及充足的时间保障。监督也要将内部监督与外部监督相结合,短期监督与长期监督相结合。

梳理志愿服务日常管理制度,优化志愿服务流程。志愿服务组织的顺畅运转需要建立相应的完善、科学的制度规范,对志愿服务人员的招募、培训和管理形成一整套的制度体系,尤其需要建立志愿服务的监督考核机制和评估机制,加强对城市文明发展过程中志愿服务日常工作的监督,对志愿者参加活动的时间、在岗表现等进行考核监督,建立志愿者自我评价和他人评价相结合的考评机制,通过自我评价和他人评价共同提高志愿者的服务水平。如杨浦区在《杨浦区志愿者服务基地管理办法》中明确规定:录用为杨浦区志愿者服务基地的志愿者必须填写《杨浦区志愿者信息登记表》,志愿者服务基地要按工作岗位填写《杨浦区志愿者服务基地志愿者团队汇总表》,一式 3 份,区志愿者协会、街道(条口)、基地各留一份,并作为基础信息归档。如五角场街道志愿服务中心制定了以《社区志愿服务中心管理办法》为主的系列管理制度,包括培训管理机制、高校志愿者工作规范、服务站管理办法、站长例会机制、公益伙伴会议机制、“街道—大学志愿工作联席会议”机制等。

(三) 健全组织保障机制,优化志愿服务运行环境

加强志愿团队管理,确保对志愿组织全方位保障。强化注册认证、能力建设、团队培育功能,有效凝聚志愿服务力量。在注册、招募、服务、管理、培育培训等方面进行规范,指导志愿服务组织、团队及志愿者开展登记注册,对服务时间和情况进行及时、完整、准确的记录。建立规范化、多元化的培训制度,针对普通志愿者、骨干志愿者、团队和项目负责人等不同对象,分层分类开展培训。充分挖掘、梳理、优化、整合优质志愿服务团队,促进志愿服务队伍整体服务能力的提升。强化指导监督功能,分级构建志愿服务网络。

形成“社区志愿服务中心—志愿服务站—志愿者团队—志愿者”的四级架构，使志愿服务覆盖社区各个层面。强化激励保障、文化建设功能，大力弘扬志愿服务精神。[①] 在精神层面，培育志愿文化自觉；在制度方面，探索激励保障措施。增强居民对志愿服务的认知、认同和践行，推动形成关心、支持、参与志愿服务的良好环境。

健全志愿服务组织保障机制，确保志愿服务顺利开展。开展志愿者服务活动必然需要经费，如交通费、服装道具费、招募宣传费、培训费以及人身安全的保障，充足的经费可以提高志愿服务活动的质量，这是保障志愿服务活动效果的基础。第一，有关财政部门应为志愿者组织拨付一定的专项基金。杨浦区为了促进志愿组织工作顺利开始拨付一定的专项资金，用来解决志愿者组织资金不足的问题。专项资金由专人负责监督管理，让资金在阳光下使用。如五角场街道建设社区基金会，保障项目运行。2016 年 7 月，辖区 14 家单位联合出资 340 万元设立的社区基金会成立，将为志愿服务组织发展和项目开发运行提供更多资金支持，其他辖区单位也纷纷通过物品、技术、场地等形式支持社区公益事业。第二，在社会范围内广泛号召对志愿者组织进行捐助。政府应该动员有实力的企事业单位对志愿者组织进行捐助。第三，维护志愿者的权益，建立青年志愿者保险制度。志愿者提供的志愿服务属于公益性质，在实际工作中也会遇到一些突发情况，为了保障志愿者安全，需要为志愿者提供保险。

全面考察，构建良性志愿服务外部环境。首先，杨浦区增强制度安排的灵活性和完善性，让不同年龄层次的人群进行不同程度的志愿服务，形成常规性的制度。其次，建立完备的志愿者信息库，对不同志愿服务组织的活动创意、计划进行公布，吸引其他志愿服务组织合作开展，减少重复浪费，为志愿者服务他人提供平台，为群众获得志愿服务提供资源和便利。最后，从项

---

① 张祖平：《社区志愿服务中心运作模式研究：以上海市闸北区为例》，《青年学报》2016 年第 1 期。

目设计、孵化推广到资金帮扶三个方面促进志愿服务项目做实做优，探索财政支持、企业回报、基金投入、会员募捐等社会化运行模式，拓宽志愿服务经费筹措渠道。

三、 志愿者服务项目化推进

项目化运作是志愿服务发展的趋势和潮流。单次服务活动已经不适于志愿服务的发展趋势，也无法满足服务对象的长期需求，要面向同一类别人群，运用科学的项目管理制度和流程、专业的服务手段，持续开展多次活动，满足服务对象的深层次需求。杨浦区近年来注重打造志愿服务项目，建立了较为完善的项目库，并长期追踪和培育优秀项目。

（一） 规范项目制度，提高志愿服务专业化程度

在志愿服务项目化管理的过程中，要抓好三个关键环节，即项目的精准对接、经费的规范使用和效果的评估建议。

第一，建立项目征集发布制度，力求实现志愿服务供需的精准对接。目前社会上出现所谓“志愿过热”，例如养老院周末或节假日扎堆的志愿服务导致被服务者不胜其烦等现象，其实主要是志愿服务的供需不能精准对接导致的。杨浦区通过建立健全项目征集发布制度可以有效地解决这一问题。通过开展优秀志愿服务项目征集大赛或交流展示会等形式，鼓励各类志愿组织、公益机构利用志愿服务的机会充分了解百姓的意愿和需求，设计新颖活泼受欢迎的服务项目，通过网络和现场展示，获得专家、大众好评，得到企业、公益基金等的赞助，以此建立志愿服务项目数据库。如杨浦区广泛开展“邻里守望”志愿服务，是当前全国志愿服务的重点工程。开展邻里守望志愿服务制度化建设的主要目的是为了规范邻里守望志愿服务项目运作，建立标准化工作流程，构建适应上海社区情况并能推广到全国的经验。每年举行推介会，通过报纸、网络向社会公开发布志愿服务项目，资助企业

和志愿者组织现场签订合作意向书。通过建立健全项目征集发布制度，力求实现志愿服务供需的精准对接。

第二，健全资金使用管理制度，努力确保公益款项的规范使用。面对我国城市文明发展过程中志愿服务资金短缺的困境，需要从志愿者组织本身、政府及社会等多方面寻找解决路径，建立多元化的资金筹措机制，促进志愿服务的可持续发展。一方面，志愿服务组织需要提高自身的资金筹措能力，提升在城市文明发展的各个领域中的核心优势和竞争力，通过自身提供的优质服务，形成志愿服务的品牌，以项目化运作的方式吸引外界的资助和捐助；另一方面，可以通过购买服务的方式加大对广大志愿者组织的财政支持力度。志愿者组织参与城市文明建设能够帮助政府分忧解难，扩大社会参与的范围，在诸多领域提供政府职能力所不能及的服务，因此，需要增强向志愿者组织购买服务方式的力度，通过固定的财政预算给予资金支持，根据各类志愿者组织在城市文明发展中作用和贡献的大小给予资助，以基本保证志愿服务组织的常态运转，或专门设立志愿服务的专项基金用于扶持志愿服务的发展。在资金的拨付方式上，杨浦区以项目实施的实际需要及实施效果为导向，合理拨付。杨浦区加强对志愿者组织资金运转使用的监督和管理，对组织内部资金的运转进行合理的规划，专款专用，保证资金的使用集中于志愿者的招募、培训和奖励以及志愿服务活动的开展等必需的地方，规范资金的使用，尽可能减少不必要的浪费，为志愿服务的持续发展打下坚实的物质基础。如志愿者协会需要招募专业的会计志愿者，全程监管项目资金使用情况。每个项目结束后，要单独制作财务账本报市慈善基金会和资助企业审核，确保资金公开、透明、规范地使用。如杨浦区在邻里守望志愿服务工作中实行资金统一管理使用，进行归口管理。为了使上海市的“邻里守望”项目更顺利地在更多社区开展，要体现归口管理的模式，将原有的一些有基础、有成效的服务项目，通过协调，进行有效的整合，在供需对接、有效保障的前提下，巩固和不断完善服务项目。同时，把资金单独列项，归口到宣传科，统一管理，集中使用，提高使用效益，从而为“邻里守望”志愿服务工作提供强有力的财政支撑，为“邻里守望”志愿服务活动的有效开展提供保障。

第三，建立项目绩效评估制度，不断提高志愿服务的针对性和实效性。杨浦区专门建立志愿服务项目第三方评估团队，团队成员由专家学者、新闻记者、人大代表、政协委员和相关职能部门负责人组成。评估团队参与每个志愿服务项目实施全过程，客观公正地对项目运行及社会效果作出评价，对实施团队提出意见和建议，对全市志愿服务发展提出对策，不断增强志愿服务的针对性和实效性。

（二） 细分项目类别，推进志愿服务精细化发展

细分志愿服务项目，规范志愿服务行为。杨浦区志愿者同样采用项目化运作的方式，通过宣传、公开招募、培训等过程参与到“创全”建设当中。同时，通过统一的项目化运行方式，也使整个志愿服务更加规范。志愿服务项目经历了从综合化到专业化的转变，项目化运作手段在提出之初并没有明确进行项目分类，随着项目的发展和壮大，相关管理体系不断成熟完善，往往一个大项目又分解成若干个子项目，如很多志愿服务队都以“学雷锋”作为自己的项目名称，但随着服务内容的丰富和细化，发现“学雷锋”命名志愿服务太笼统，难以让他人辨明志愿服务的方向和内容，于是杨浦各个街道志愿服务团队将服务进行细化，分成文明交通类、助老类、助残类等小项目。项目细分对于服务对象来说，有利于接受更加专业的服务，保障志愿服务的精准度，解决深层次问题。比如，围绕满足空巢老人的健康生活需求，组织复旦彩虹爱心专员每年结合不同时令举行养生讲座；围绕“阳光之家”残疾人士，动员肯德基上海有限公司党总支在残障学员生日当天送上慰问；围绕回馈为城市作出巨大贡献的农民工群体，发动复旦大学和上海师范大学在校党员大学生每年寒暑假期坚持为农民工子女开办“爱心课堂”。采取这样的方式，积极鼓励了广大社会群众参与到创文明工作当中，而且公开

透明。

细分志愿服务队伍,发挥不同群体志愿服务优势。志愿服务项目细分需要专业队伍的支持,按照年龄细分,目前我国拥有青年志愿者、老年志愿者群体,小学生和中学生可在监护人陪同下参与志愿服务活动。但仅有按照年龄细分的队伍无法适应志愿服务专业化发展的需要,杨浦区志愿服务队伍还以行业领域为标准进行分类,如消防志愿者、医疗志愿者、试药志愿者、环保志愿者、法律援助志愿者、助残志愿者、动物保护志愿者、赛事志愿者等。再如,专门针对妇女工作,妇联成立有“巾帼志愿者”队伍,为妇女提供就业等保障类志愿服务。志愿服务队伍的细分是志愿服务专业化发展的前提和基础,只有专业人才汇聚到一起,在一个项目组内共同为一个目标而发挥专业知识和技能特长,才能更好地推动工作开展。随着志愿服务的发展,对专业志愿者的需求越来越大,非专业的志愿者难以解决复杂的社会问题,将志愿者按照专业或个人意愿进行分类,有利于提高队伍的专业性和志愿服务能力。

(三) 优化项目环境,完善志愿服务长效化机制

建立激励回馈机制,鼓励志愿服务长效运行。志愿者通过参与志愿活动重新认识自己,发现自我价值、作用,感受到完成一项志愿任务是来源于自身的成就感从而实现自我成就激励,自我快乐激励,即在志愿者团队合作中寻找快乐。[①] 杨浦区通过设立灵活多样的表彰奖项,有效开展社区志愿服务的评比,使志愿者的服务行为及时得到社会的肯定。如长白新村街道注重完善健全志愿者激励回馈制度。坚持开展“每月一星”的推荐评选活动,并制作成版面进行宣传展示。每年评选出的年度优秀志愿者在社区精神文明大会上予以表彰,并积极向市、区文明办报送优秀事迹。如五角场街

① 王劲颖、沈东亮、屈涛、刘忠祥:《美国非营利组织运作和管理的启示与思考——民政部赴美国代表团学习考察报告》,《社团管理研究》2011 年第 3 期。

道立足于志愿服务时间和表现，中心制定了五角场街道公益激励机制，对志愿者的激励包括公益护照、志愿者徽章、推荐评选表彰以及适当的物质奖励，公益伙伴单位还为志愿者提供了多项激励服务。除此之外，杨浦区通过《杨浦时报》、“杨浦文明网”、“长白民生在线”等载体大力宣传先进典型，以志愿者优秀事迹感召更多群众见贤思齐，加入志愿者队伍中来。推广“志愿服务时间银行”“互助服务”“服务转换”等有效形式，鼓励中青年人现在就开始为晚年生活作准备，通过参加“低龄老年人照料高龄老年人”等项目“储蓄”时间和服务，以便今后一旦自己需要时再享受其他志愿者提供的服务。完善志愿者的人身保障和权利，使志愿者本人需要帮助时，可以优先得到志愿者组织和其他志愿者的服务。积极创造条件，为社区志愿者就业、兼职、才智体现提供广阔的空间；同时加快社区志愿服务的法制建设，切实维护社区志愿者自身合法利益。

宣传志愿精神，培育志愿服务内生动力。社会上的每个人都有参与社会事务的权利和促进社会进步的能力，同样，每个人都有促进社会繁荣进步的义务及责任。参与志愿服务是表达这种“权利”及“义务”的积极和有效的形式。[①] 志愿服务的动力源于志愿精神，志愿精神只有内化为志愿者的品质，外化为志愿者的自觉行为，志愿服务事业才能获得内在的精神动力，发展得更持久、更深入、更细致。未来的社会建设中，志愿组织的社会动员力量突出表现为其在社会治理领域与政府和市场不一样的制度优势，即在社会领域中用精神道德力量凝聚社会资源，提供社会所需要的公共服务，这种组织力和动员力区别于基于权力驱动或利益驱动的发生机制，体现为自觉道德治理下的一致性行动，这种社会一致性行动的发生是源于道德自觉和利他驱动的新机制，必将推动整个社会治理体系向服务于人的道德追求服务型社会治理体系转变，这为志愿者组织健康发展提供了强劲的内生动

① 党秀云：《论志愿服务的常态化与可持续发展》，《中国行政管理》2011 年第 3 期。

力。在服务型社会治理体系下，人们自觉地遵守社会普遍认可、社会成员共同遵循的道德价值观念的约束和规范。如延吉新村街道社区志愿服务中心积极培育志愿服务文化，推动形成关心、支持、参与志愿服务的良好环境。通过开展舆论宣传、强化文化熏陶、培育志愿服务意识、推介志愿服务经验、宣传志愿服务先进典型，增强社区居民对志愿服务的认知、认同和践行。杨浦区着力提高提供公共服务的社会组织的公众信任度，同时也帮助各个社会主体拼接自有媒体和官方媒介对自己进行宣传和引导，全力帮助公众转变传统观念，给文明城市的创建主体建立起相互信任相互支持的社会环境。

第九章

“文明发展”的创建活动

文明城市与文明发展创建活动是目标和过程的关系,创建活动是推进经济和社会全面协调发展的重要载体,是加强精神文明建设的有效途径。从文明城市的含义进行分析,文明城市创建关乎城市的教育、交通、文化、政府行为等方方面面。杨浦区将文明城市创建定义为“文明发展”为目标、创建活动为过程的创建思路,将文明创建与文明发展相融合,并在此基础上开展相应的创建活动。

一、 文明创建活动与“文明发展”

文明创建活动与文明发展存在着嵌合性互动关系:文明创建活动是作为一种文明发展的具体实施项目和文明发展的工具而存在的;与此同时,文明发展过程中需要挖掘文明创建所需要的填补料,透视文明创建的本身实在,察看文明创建本身内容、过程、形式对发展要素的吸收和实践。杨浦区文明创建,在区委、区政府和区文明委的关心支持下,积极贯彻落实市文明委的创建工作要求,积极践行社会主义核心价值观,实现两个文明的大提高,市民素质和城市文明程度得到有效提升。通过持续的创建活动,杨浦的精神文明创建氛围浓厚,创建特色明显,创建水平得到提升,取得了一定的成果。

（一）以精神文明创建为引领，塑造文明发展的可持续性

以群众性文明创建活动来推动精神文明创建。文明城市创建是一项综合性工程，要使公民突破投票者、纳税人、创建成果受益者的身份界限，扩展成为创建活动的问题架构者，提出问题解决的意见建议，积极参与到文明城市创建中，首要是增强公民的参与意识和素质，这是公民参与创建的基础和前提条件。增强公民的参与意识，着手点在提高公民的主体意识和责任意识，这一点决定了公民能否积极广泛深入地参与创建活动。[①] 只有公民主体意识觉醒了，才会形成参与的责任意识，才能有真正意义的公民参与，不至于使参与流于形式。自杨浦区开展文明创建活动、提出加强精神文明建设后，相继开展了创建文明社区、创建文明单位、创建文明行业等活动，特别是在文明创建成为精神文明建设的核心承载以及文明创建形成稳固程式与规范之后，各层次的文明创建不再是基于某种思想政治教育与意识形态控制考量而开展的“流于文件话语表达重视的面子活动和独角戏”，文明创建已经成为一种典型的“群众性精神文明创建活动”。杨浦区主要通过开展各项活动，将市民修身融入文明创建活动，不断提升市民的个人修养和公共意识。如组织单位落实“我的门前我清洁”行动，大力推进“新七不”市民公共行为规范宣传，开展“文明餐桌”行动，宣传节俭养德、文明用餐。大力倡导人与自然和谐统一，引导杨浦市民科学、绿色和健康的生活理念。同时倡导党员干部、公众人物、道德模范、先进典型等当好市民修身行动的排头兵，引导和带动广大市民树立文明理念、争当文明市民、展示文明风采。完善杨浦区精神文明建设工作委员会工作机制，街道和其他主管部门也建立精神文明建设委员会，负责全年的创建目标任务。

以精神文明创建活动提升市民精神文化水平。如果没有社会精神与道德文明的支撑，单靠经济发展与物质文明进步难以提供“一种更为优良的

---

① 刘文明：《19 世纪欧洲“文明”话语与晚清“文明”观的嬗变》，《首都师范大学学报》（社会科学版）2011 年第 6 期。

生活”。通过文明创建拨正提升社会的精神与道德风气，具有为“更多的人过上更为优良的生活”的价值观照和意义。依托杨浦“睦邻家园”平台优势，围绕杨浦修身行动“学、德、善、礼、志”五字精神，在社区睦邻中心推进“睦邻修身课堂”项目，通过政府引导、社会参与、专业服务、品牌建设，打造市民修身明礼的文化课堂和睦邻友善的百姓课堂。通过顶层设计，统一派发修身文化课程菜单到社区睦邻中心，充分发挥了杨浦“睦邻家园”的品牌效应，通过开展睦邻文化节、睦邻社区等一系列睦邻品牌的打造，让居民群众感受到生活在杨浦的“人情味”，也不断提高自身文明素养。结合社区文化活动中心载体，利用道德讲堂、市民修身、励志讲堂等形式，大力开展“市民修身行动”礼仪学习和实践活动。用文明创建活动来促进文明发展是城市精神文明建设的目标，提升市民素质则是城市精神文明建设的精髓，而市民素质的提升有赖于社区教育。社区作为城市的基本要素，在文明城市创建中起到不可或缺的作用，扮演着非常重要的角色。因而，杨浦区从文明创建活动中对全民参与的强调、从主题性文明创建活动的开展、从测评体系的制定、从测评指标的设计以及从文明创建目标的责任分解等，文明创建对善治的透明性、责任性、回应性、有效性、参与、公正等诸要素的彰显，表现出文明创建与文明发展在价值向度上的契合。

（二） 以机制构建为载体，推动文明发展的系统性

组织机制构建。杨浦区认识到文明创建不是面子工程，而是关联到方方面面的系统工程。要克服创建工作一阵风的问题，各级领导常抓不懈，使创建氛围常态化。

坚持开展文明创建不松劲。各单位负责同志要把文明创建作为一项改善民生的重要举措纳入议事日程，要亲自安排、亲自督办、亲自结账。持续加强文明创建工作检查力度，实时、动态掌握工作中存在的突出、典型问题，及时通报至相关部门，督促其迅速落实整改措施；严格落实责任追究制度，

对重视程度不够、措施落实不力的部门或相关责任人予以批评督促，确保各项工作措施落地见效。分管单位具体抓、抓具体，做到有专班、有专人、有行动、有成效。

信息机制构建。从文明创建的具体方式选择来看，当前杨浦区在文明社区、文明单位等各层次的文明创建过程中涌现出众多富有创造力的协同样式，比如借用互联网、自媒体等新技术整治不文明行为，大桥街道为进一步规范文明创建工作，园区充分利用好新媒体平台，建立了相关的微信、QQ群，挑选网络文明传播志愿者担任骨干力量，在群里组织交流，每天早上通过网络平台发布信息。鲜活的具体文明创建样式都有一个显著的特点，即依持多元主体之间的互动、互联，可以说文明创建的具体方式呈现多样的同时，各具体样式的文明创建还都显现出一种合作性。①

协同机制构建。文明创建是一项创新性工程，克服孤立片面发展的思想，确立合作共赢、互利互惠、协调发展的观念，充分认识精神文明建设系统各要素之间相互作用、相互制约、相互促进的关系，树立合作共赢、互利互惠、统筹协调、区域文明创建一体化的思想。在协同机制构建上，杨浦区充分发挥了正式制度和非正式制度的独特优势：从正式的制度、规则层面来看，目前杨浦区文明创建已经形成了指导理念、领导机制、操作标准等宏、微观配合的制度、规则体系设计，如全区层面的《杨浦区志愿者协会章程》、社区层面的《志愿者服务工作站激励机制》等各项相关文件为文明创建活动提供了规范化的行为样本，为文明城市的评选工作提供了基本依据，也为今后开展创建文明活动提供了重要导向，推动文明创建活动走上科学化、制度化、规范化的轨道。在非正式协同机制构建上，杨浦区建立区域文明单位同创共建联盟，相互交流创建经验，实现资源共享、成果共享、经验共享，有效地扩大精神文明建设的创建成果。

培训机制构建。杨浦区根据文明创建周期，定期组织精神文明专职干

---

① 肖峰：《信息文明的本体论建构》，《哲学分析》2017 年第 4 期。

部和创建材料员培训学习,解读创建指标体系和创建项目指标任务,走访创建单位,上门专题辅导,逐条对标,帮助掌握各创建指标的重点难点,熟悉掌握材料收集整理的要领,掌握网上材料上传等。组织开展文明单位社会诚信工作培训,组织社会责任报告撰写培训等。根据每年的创建任务,组织不同的创建培训会,主要由街道、系统的分管领导、基层主管部门负责人和精神文明专职干部参加,学习新版创建标准,熟悉创建操作方法和工作流程,部署年度创建工作的任务要求和时间节点。

(三) 以多元主体参与为基础,完善文明发展的自主性

借助媒体平台,实现文明创建活动的多元主体参与。将文明发展作为发展的目标来看,文明创建活动的实质是一种治理活动,具备治理性,通过透视文明创建的本身实在,发现文明创建在内容、过程、形式上都不同程度地体现了文明发展的主体多元要素、方式多样要素以及对规则的遵从和对善治的追求。杨浦区在文明创建过程中借助各项媒体以及大众传播渠道,通过宣传、激励等方式,不断地提高社会对于文明创建的认知以及参与力度和深度。杨浦区充分利用各种媒介,营造创建氛围,电视台、报社设置文明创建的专栏、专题,宣传文明创建知识,报道文明创建活动,宣传部门要充分利用城市空间,设置文明创建的大型户外广告,利用各种手段使广大市民通过耳濡目染,达到潜移默化的作用。如大桥街道在区委组织部的具体指导下,运用“互联网+党建”的工作思维,借助各方资源,积极营造创业街区文化氛围。建设云端书吧,为白领提供丰富的精神文化生活;建设党群 e+,线上组织活动、及时送达祝福。文明活动创建必然强调主体的多元,这也决定了文明创建预设多元主体之间以合作原则为指导的行动方式,具体行动方式的选择则有宏阔的自主、灵活创设空间,可以呈现多种样式。

文明创建主体与类型多元化。多元主体文明发展的一个核心属性在于其主体多元,多元性首先体现在主体的数量层面,杨浦区广泛开展社会动

员，积极发动以小区楼组长、社区党员为骨干的志愿者队伍，依托居民自治，推动文明创建从“要我创”转变为“我要创”，用实际行动践行“随手公益”志愿理念，开展“清洁家园”“平安护绿”等一系列志愿服务活动。杨浦区文明创建不仅仅是参与的群众数量多，在主体参与类型构成上也体现了多元化。杨浦区在创建主体上，党组织、志愿组织、普通群众、企业、白领、机关单位工作人员等都参与其中，通过不同的文明创建活动进一步推动共建共治。如杨浦区通过政府购买服务，引进“上海青年家园民间组织服务中心”，开展日常管理和运作，负责社区志愿服务中心的规划设计、项目引进、督导评估、活动开展等。社会组织的参与，不仅提供了现代化、专业化的管理支撑，也吸纳了更多的社会力量。中心以需求为导向，以项目为抓手，引进其他成型成熟社会组织，使优质公益资源在社区得以汇聚、整合，中心与辖区内外多家社会组织、志愿者组织保持着长期的互动合作。可以说，作为一种典型群众性精神文明创建活动，文明创建的开展与推进已经从党和政府独自着力式转向了党和政府主导，非政府组织与机构、各行业企业以及社会公众协力参与的自上而下式或者非政府组织与机构和各行业企业以及社会公众主导，党和政府吸收、认证、修缮再推广的自下而上式。但不管是何种样式，文明创建的主体多元化都已事实性地得以彰显。

二、 文明社区创建： 文明发展的群众基础

文明城市创建活动需要重视基础，依靠群众。文明创建必须从基础抓起、从群众抓起。在文明创建过程中，要十分重视发挥社区、街道、群众的主体作用，通过文明创建带动整个社会文明程度的提高。

（一） 依托各项载体活动，广泛动员社区群众

活动内容多样化，增强社区群众参与度与新鲜感。在创建文明城市的活动过程中，基层社区在参与的过程中就要适应整个城市的文明建设活动，

基层社区在同整个社会发生联系,社区要健康有效地发展也必须从上层组织中获得所需的资源。基层社区在活动中是有某种期望的,基层社区确定自己创建活动中的目标以及要达成的效果,就要调动整个社区内的各方力量参与到活动中,依靠各方的力量实现系统目标。社区内有各种“异质性”群体的存在,而且创建活动的周期又很长,这种情况下就需要潜在维持模式。但是社区在创建文明城市的过程中的各项活动的展开、实行、完成也不可避免地经历这四个过程:组织结构的分化、组织结构的适应性提高、组织结构的包容、组织结构的价值普遍化。强化社区文明建设,不仅需要加强领导、创新体制、完善政策、整合资源、改进方法等,更需要广大人民群众的积极支持与配合。杨浦区以社区为阵地深入推进群众性文明创建,借力创建文明强化社区,立足社区促进创建文明,不断提升社区居民的幸福感、归属感,加快创建全国文明城市工作的步伐。以传播为目的,积极搭建各项网络活动平台,整合区域化文明单位资源,制定项目服务清单,让区域化文明单位的志愿者们开展文化志愿服务,以活动搭建文化交流沟通平台,整合区域化群团资源,发挥文体团队资源优势,以丰富多彩的文体活动,让杨浦文明创建活动充满活力。如在全区范围内开展“文明家庭”的创建评选活动,联合区妇联开展“上海最美家庭”“文明家庭”的创建评选和推荐活动;开展“市民修身行动”主题活动,提前完成市民修身行动培训五年共 25 万人的任务;组织“辉煌七十年,文明新风尚”市民修身嘉年华主题展示活动。同时,不同的街道社区结合自身特色,组织与开展不同类型的活动,如组织社区志愿者为水管爆裂的社区独居老人、高龄老人家庭送上饮用水及生活必需品;平安志愿者开展“保护家园·零点巡逻”志愿行动,确保辖区内烟花爆竹零燃放;植树节期间,社区志愿者通过开展“我们的节日·护绿”主题志愿活动,传递环保意识,为提升小区环境文明作出自己的贡献。通过各项活动的广泛动员,社区群众参与到创建文明活动之中。

挖掘地方资源,打造多样性创建文明活动。杨浦区根据本区域内自然条件、社会经济、民俗文化等实际情况,在研究与探索和谐社区创建共同规律的同时,突出创造和形成自己的特色。根据社区文化资源、硬件基础、群众结构等方面的实际情况,根据社区居民因不同年龄、文化、职业等形成的不同需求,以及社区居民的不同爱好、追求和意愿,制定出切合实际的和谐社区创建规划,开展好具有自身特点的创建活动。创建活动的内容和形式要在充分继承和挖掘本地区优秀传统文化的基础上,做到有特色,出新招,不断提高社区居民的参与度。利用社区文化阵地,采取符合群众心理、贴近实际生活、灵活多样、持之以恒的方式方法,从基础着眼,从小事做起,从社区居民的日常生活习惯养成做起,促进和谐社区创建氛围的真正形成。杨浦区发挥不同社区文化品牌效应,将一批经过实践检验、高品质的、受百姓欢迎的公益文化活动推向社区群众,助力提升居民的公共空间的文化品质,增强居民群众的获得感、满意度。注重打造特色队伍,发挥典型引领的积极作用,通过创新载体、丰富内容等多种方式,积极开展特色社区志愿服务。如大桥街道由于抓牢滨江文化建设,开展了"行走滨江"品牌项目,同时结合杨浦区内高校众多的优势,与复旦大学化学系党委联合在滨江举行科普讲座;与上海理工大学马克思主义学院合作,开展"行走滨江"宣讲;同时与交通运输部上海打捞局下属中国救捞陈列馆联动,开展"救捞精神"宣讲的现场教学;依托区体育局的资源开展体育与健康知识宣讲,同时加强与上海体育学院合作。如江浦路街道结合西门子志愿者队伍,开展社区科技创新实践、新能源课堂、城市绿地图等多项具有社区和街道特色的活动。如五角场街道中心定期下发《志愿服务需求征询表》,形成了"调查—发现—开发—服务"的项目模式,开发了一系列广受群众欢迎的服务项目,将品牌项目常做常新。如北茶园园丁助学工作站持续近 10 年,志愿者从退休教师拓展到高校学生;复旦大学博士生讲团服务社区居民 14 年,每年更新志愿者和宣讲菜单;关爱青少年学生群体的"快乐星期五"从单个居委拓展到大部分居委,关爱社区老年居民的"公益生日 party"从一个志愿团队参与到社会组织、文明单位等多方参与。

（二） 深化居民自治，增强社区群众主人翁意识

依托居民自治，推动文明创建从“要我创”转变为“我要创”。群众既是文明创建的主体，也是文明成果的受惠者。要通过开展争创文明市民、文明单位、文明社区等活动，让广大市民参与到文明创建活动中来，通过身体力行，进一步增强“我知晓、我参与、我奉献”的主人翁意识和奉献精神。如五角场附近社区围绕“环同济”，搭建政府、社区、社会组织及企业等多方公益交流平台，引导多元力量参与社区治理，举办了“精品四平、益路同行”四平路街道社区公益基金会公益汇报暨2019年社区治理同行会，以充分激发社区自治活力为目标，汇集更多资源融合，鼓励社会组织参与，确保项目有治理成果、有提升延续。结合美丽家园建设，依托自治项目推进，以抚顺路363弄、鞍山五村、铁岭路90弄、大连西路4弄等居委会作为重点区域，深化“睦邻家园”建设，引进同济大学专业设计团队，继续推进居民参与式工作坊，对小区过道、楼道文化、小区绿地等进行全面微改造提升，让居民切实感受到文明创建带来的成果。

志愿服务活动为纽带，增强社区居民自主性。社区文明建设是一项基础性、长期性的战略任务，是一项在各级政府组织、管理、指导和投入下，众多社会组织和广大社区群众共同参与的“合力工程”。① 近年来，杨浦区不断加强对社区志愿服务团队的培育与扶持，涌现出了多种形式的志愿服务队伍。经过多年的运作和培育，杨浦区志愿服务工作紧紧围绕街道中心工作及社区居民需求，塑造多元化志愿服务文化，通过“联情中共建、联动中融合”的工作模式，加快推进志愿服务工作良性互动，呈现出“学习雷锋·快乐志愿”的社区志愿文明新面貌。夯实基础建设、呼应社区所需，通过完善组织机制、构建立体网络、精准供需对接，逐年加大人财物投入，有力地推进志愿服务中心工作全面开展。以社区共同利益、共同需求为纽带，提升社区志愿服务对接社区需求精准度，突破以往社区志愿服务碎片化、松散化、

① 王天恩：《重新理解“发展”的信息文明“钥匙”》，《中国社会科学》2018年第6期。

无持续性的原有模式，围绕如“一居一品”“自治楼组建设”“自治达人评选”等社区自治项目，凝聚社区优秀志愿者在项目中有所作为，引导优秀志愿服务团队通过项目运作不断壮大发展，开发和承接更多接地气、有人气的志愿服务项目。整合街道各科室、社区各居委现有志愿者资源，对志愿者工作情况进行排摸、梳理和统计，在现有志愿者基础上贴合社区居民需求进一步发掘潜在志愿者资源，运用上海市“志愿云”网络系统，借助街道已有网络平台和待开发的微信、微博信息平台、宣传活动以及小区推介等形式，连接高校公益服务类社团与各类协会，壮大街道志愿者团队。除此之外，为加快志愿服务团队推陈出新的速度，中心坚持开展志愿服务团队的分层制培育计划。如控江路街道自2015年以来，中心已陆续面向志愿服务骨干、志愿服务管理者及志愿者等开展各类培训活动近30场，培训人次达1.5万人次。

（三） 发挥基层党组织引领作用，巩固社区群众基础

做好党建引领，确保文明创建工作稳步推进。自创建文明活动以来，杨浦区各基层党组织通过采取各种措施全面提升社区建设水平，使得社区在维护基层社会稳定、服务民生、活跃基层文化、发展基层民主等方面都发挥了巨大作用。在构建和谐社会的进程中，还有必要继续发挥基层党组织的引领作用，并充分认识到基层党组织是推进社区文明创建活动和扩大社区群众基础的重要因素和内容，通过加强社区文明建设，为实现文明城市、构建和谐社会夯实基础。杨浦区基层党组织依托区域化党建联盟优势资源，结合各项重要活动节点，积极推动区域化党建联盟成员单位志愿服务进社区系列主题活动，深化在职党员社区志愿服务微信报到机制，建立健全驻区单位资源和社区服务需求相对接的志愿服务项目认领机制。

夯实基层党组织枢纽作用，扩大文明创建群众基础。基层党组织成员具有较高的政治思想以及社会服务能力，加强社区文明建设，需要发挥基层党组织在普通群众中的带头作用，形成示范效应。基层党组织可以参与社

区文明创建业务培训，进一步提高社区创建工作人员的业务技能和服务水平，加快推进创建工作步伐，明确文明创建活动的意义、目标和任务，为文明城市对标创建、快速发力打下良好的基础。在全市开展的文明交通大整治活动中，杨浦区全面整合社区志愿服务资源，各文明单位积极认领文明路口“执勤日”，机关干部全员轮班上岗，居委会干部风雨无阻，社区党员志愿者热心公益，每天路口执勤中挥动的小旗成为一道道亮丽的风景，起到良好的文明创建活动示范作用。其次，在基层党组织文明创建活动工作中要着力构建社区为主导、居民为主体、共驻共建单位全面参与的工作格局，充分发挥组织协调作用，为共建活动创造条件，搭建平台。同时发挥人才、资源优势，积极创造条件，支持社区开展活动，建立一整套完善的长效机制，巩固创建成果。如五角场街道党工委主动落实区校联动任务部署，以加强党的建设为引领，坚持共建共赢的街校合作思路，不断深化与复旦大学的感情融合、党建融合、工作融合，推动街校合作水平不断提升。把加强与学校党组织的联系放在工作重要位置，坚持以党建引领助力街校共同发展。深化联动共建，注重加强组织共建，坚持每年开展一次中心组联组学习。街道党工委与复旦大学有关部门始终坚持资源共享，着力提升合作能级，不断结出合作成果，让复旦学子和社区群众双双受益。

三、 文明单位创建： 文明发展的行业特色

杨浦区成立了文明单位评选活动评审专家组，听取创建工作汇报、查看台账、实地考察等调研创建单位，全面客观地检验文明创建工作成绩，查找存在的问题，加强对各类文明创建工作的分类指导，从而保证了文明单位的创建质量。

（一） 不断创新发展，激发文明单位创建活力

街校联合，合作共促区域发展。作为上海城市副中心，五角场高校云

集、部队集中、商圈繁华、园区众多，与32个居民区交融在7.66平方公里之内，让五角场这片热土资源禀赋更加明显，创新活力更加涌动。五角场街道在区委、区政府坚强领导下，以试点“两委三会四议”社区民主协商机制为抓手提升区域化党建实效，推动提议、商议、审议、评议环环相扣、无缝对接。在此过程中，复旦大学党委积极履行社会责任，发挥资源溢出效应，深入参与社区共治，为构建五角场区域化党建大格局作出积极贡献。杨浦区五角场街道党工委履行好属地街道职责，聚焦复旦大学—杨浦区党员志愿服务实践基地建设，同复旦大学有关部门加强联动合作，坚持资源共享、项目共推，推动街校合作持续健康发展。五角场街道具有独特的高校众多的优势，五角场街道党工委主动落实区校联动任务部署，以加强党的建设为引领，坚持共建共赢的街校合作思路，不断深化与复旦大学的感情融合、党建融合、工作融合，推动街校合作水平不断提升。如2018年五角场创业大赛举办，这也是复旦大学连续第三年作为大赛的共同主办单位，街校双方在推动“双创”方面的合作卓有成效。同时，街道党工委将加强与学校党组织的联系放在工作重要位置，坚持以党建引领助力街校共同发展。深化联动共建，注重加强组织共建，坚持每年开展一次中心组联组学习，注重推动区域党建，复旦大学作为街道区域化党建联盟分会成员，对社区发展给予高度关注和极大支持。学校宣传部领导担任街道社区党委委员、社区委员会文化委员会主任。落实服务职能，街道主动为复旦大学开展校区周边环境及校内“五违四必”整治；沿政修路为复旦大学、复旦二附中、复旦小学等学校打造文化长廊；配合有关单位完成政通路微更新改造工程，为复旦学子打造了往来学校的“坦途”。

科技创新，提高文明单位创建效率。校企联动，加快源头创新，上海智能产业创新研究院、人类表型组研究院、复旦绿地科创中心已揭牌启动。优化产业生态，成立人工智能和大数据产业联盟，制订出台《杨浦区促进新一代人工智能及大数据产业扶持若干意见》。杨浦区不断完善创新生态，企业利用自身科技优势，开展相应的文明单位创建品牌，如西门子员工志愿者与江浦路街道进行企业—社区共建，积极参与社区建设，传递“科技创新”的力量。志愿者们携手街道创新屋，开展科技教育讲座和实践活动；走进学校，为学生讲授“科技创新”知识；并寻访江浦社区近 200 个地点，绘制“社区绿地图”。杨浦区建立了长三角双创示范基地联盟，实现大中小企业创新需求有效对接，推动长三角各类双创主体融合发展。通过“创城 e 点通”手机端移动政务平台，172 项审批事项实现在线办理，356 项行政审批业务指南实现线上检索。在线提供促进产业发展、人才创新创业等 53 项政策微解读，企业、个人许可事项办理等 335 项微服务。

（二） 发挥行业优势，彰显文明单位示范效应

双创基地建设。上海杨浦区是全国首批区域性“双创”示范基地，目前入驻互联网企业 2 216 家，其中初创型、小微型企业占 96.7%。杨浦区坚持党组织和企业“同步培育”，在企业初创时就植入“红色种子”，把党建工作贯穿企业整个成长链。探索“融合、协同、共享”发展新模式，推进双创示范基地建设，加强“双创”合作。针对初创企业生存压力大的问题，线上线下同步开通专门政务通道，实时收集、汇总和对接服务需求，为他们提供“菜单式”服务。统筹区科委、科创集团等政府部门和国有企业力量，组建党建和创业服务工作队伍，逐户发放创业和党建服务手册，面对面了解和帮助解决他们的实际困难。依托园区党组织，把街道社区、高校等党组织纳入“区域化党建联盟”，从科技、人才、环境等方面为企业提供支持。让党组织走上前台，定期举办创客训练营、创业大赛、天使 VC 沙龙、交友亲子活动等，为创客和企业职工“量身”搭建交流平台。此外，街道参与共建“复旦—杨浦创业青年中心”，形成乐活、乐聚、乐爱、乐学、乐创五大功能板块共 23 个特色俱乐部，为复旦青年提供优质创业支持。杨浦区将文明行业创建同杨浦创全国文明城区专项行动紧密结合，同向并进，打好“双创”组合拳。压实责任用

实劲,将双创工作纳入全年重点工作目标任务中,召开了系统新一轮创建工作动员大会,明确各级党组织书记为第一责任人,建立联络员队伍,定期召开专题会议,上情下达,上下联动,明确任务,压实责任。牢牢把握创智天地园区被授予"互联网企业党建工作创新基地"称号的契机,紧紧依托"创承汇"党建平台,积极整合资源、增强合力,努力提升互联网企业党建成效。

加强宣传,推动品牌示范效应。杨浦区在文明创建过程中,要求一切工作部门以及企业、工厂、学校都要根据各自的特点和实际,把文明创建融入各行各业的发展目标、业务工作和内部管理之中,明确行业的创建同规范行业行为、树立行业新风、提高经济效益和社会效益结合。杨浦区结合大调研大走访,广泛宣传,凝聚创建共识;利用微信公众号、电子屏宣传展板、海报栏等渠道宣传创建理念、创建口号,营造浓厚氛围,使创建意识深深根植于企业思想之中,成为系统上下共同目标和自觉行动。锻造核心品牌"主心骨"。同时,杨浦区民政工作于2008年起着力开展民政文化建设,协助文明单位建设,围绕"为民施政,和谐杨浦"理念,积极实践"接地气、暖人心、连民意"工作机制,形成了以"杨浦民众团队文化"建设为核心的行业文化品牌并融入文明行业创建全过程。用好经典品牌资源库。在文明行业创建过程中,逐步形成了"燕子救助八法""五心工作法""和你在一起——扶苗救助"等服务品牌,获得群众广泛认可。充分发挥典型示范引路作用,继续在深化存量品牌内涵上下功夫,持续加力做优服务、巩固优势,扩大品牌影响力。打造创新品牌蓄水池,聚焦创新社会治理,探索工作新方法,努力形成可复制、可推广的工作经验,进一步挖掘培育新的服务品牌。比如,以项目路演方式,探索社会组织与公共服务需求方的对接新途径,把优化营商环境延伸到公益领域。

(三) 强化责任意识,推动文明单位软环境建设

突出行业文化,构建和谐工作环境。企业是经济领域的主导者,在一定

程度上，企业的状况决定着地方发展的速度甚至决定城市的兴衰。毋庸置疑，文明城市的创建需要企业的参与，需要企业以服务性的角色配合政府的创建要求。[①] 在全国文明城市创建活动中，引入企业力量，借助企业力量实施全国文明城市创建活动工作建设。如杨浦区医疗卫生行业把医德医风和行风建设摆上重要位置，坚持“标本兼治、综合治理、惩防并举、注重预防”方针，推进整治医药产品回扣“1+7”配套文件贯彻落实，提高医药产品合理使用水平。健全行风建设工作组织架构，打造高素质的行风建设干部队伍。强化行风案件查办，对违反“九不准”“十项不得”等规定的医务人员严肃处理，保持行风建设的高压态势。建立健全规章制度，加强医德档案建设，有针对性地采取多种形式对员工进行医德教育，不断转变工作作风，提高医院的服务质量。加强行风建设宣传工作，营造良好舆论氛围释放行业正能量。如评选各级文明单位，增加企业的名额，让企业通过文明创建增进企业活力，提高生产效率，又通过获得荣誉增强单位自豪感，又以此有效地激发企业参与全国文明城市创建活动的积极性。创建文明行业是一项综合性、全局性的工作，文明行业创建永远在路上，杨浦区加大文明行业创建力度，发扬杨浦民政务实、创新、包容、担当的作风，以更加饱满的热情、锲而不舍的精神、扎实有效的措施，全力抓好文明单位建设各项工作。再造流程，通过优化网上立案、办案流程，优化诉前调解流程，让小微简易纠纷以更加便捷、快速的方式解决。转变职能，为“审批更简、监管更强、服务更优”提供有效司法保障。规范服务，充分发挥知识产权保护主导作用，加强对创新引领型企业的知识产权保护力度。优化环境，切实加大产权保护，积极防范金融风险，依法兑现胜诉权益。

强化服务意识，培育行业社会责任感。社会责任是城市发展到一定阶段对各行各业所提出的要求，是私营部门在履行经济责任、法律责任之外，

---

① 黎慈：《公众参与：政府创新社会管理的有效保障》，《湖北行政学院学报》2011 年第 6 期。

对社会、环境、公民等方面应尽的责任，包括保护自然生态环境、支持社会公益事业、扶贫救困弱势群体等。企业作为社会主要的经济体，经营发展状况直接影响了城市发展水平，同时，作为提供主要就业、物资服务的组织，也关系着城市的社会稳定。企业通过倡导“做文明使者，当文明先锋”的企业文化，推广“以人为本、以诚经营、以质取胜”的企业价值观，宣传“客户至上、服务真诚”的经营理念，实践“爱岗敬业、诚实守信、办事公道、服务群众、奉献社会”的职业道德观，实现了员工与企业文化关系的和谐。企业参与文明城市创建实质上是企业承担社会公共责任的过程。文明城市创建目标中，对于6大环境的追求，企业更加注重外部性效应，综合考虑产品本身，以及产品的生产、运输、使用和废弃等方面可能对公众健康、安全和城市环境造成的不良影响，提前采取预防措施，保证公众掌握信息的对称性，提高公众的安全意识。杨浦区大力开展社会信用体系建设，根据《关于抓紧推进本市社会信用体系建设有关重点工作的通知》，要求逐项分解，细化实施，全面落实信用工作，采取多项措施做好相应的具体实施工作：推动区办事环节嵌入信用查询，大力拓展信用惠民便企应用场景，加强各区红黑名单认定，组织企业公示信用承诺，推动企业主动补充信用信息。在19个重点领域开展失信问题专项治理，对国家推送的本区内黑名单及重点关注名单通过名单核查、发送整改通知书、签署信用承诺书、各部门联合奖惩、信用修复培训、信息披露等方式，实现黑名单治理全覆盖。此外，企业还致力于慈善事业、赞助政府创建活动，既塑造了自身形象、宣传了正面形象，又配合了文明城市创建。企业在市场机制的调节下参与公共服务的供给，实际上也是寻求自身更多样化的发展空间，在克服有关公共服务效率低下的弊端的同时，也实现了自身利润的增值。

第十章

“文明发展”的网络空间

互联网是20世纪人类最伟大的发明之一，作为一种颠覆性的技术，互联网不仅改变了人类的生产、生活方式，而且还为人类政治带来了革命性的变革。1994年，中国加入世界互联网之后，加大了对互联网基础设施的建设力度，并逐渐形成了中国主干互联网的架构体系。国家在信息化战略的指引下大力投资建设互联网基础设施，逐渐构筑了一种以互联网骨干网为主体的网络物理空间，推动了中国网络公共空间的成长。国家之所以将互联网技术引入中国并大力投资于互联网基础设施建设，正是基于实现中华复兴之梦的目标，建设人类命运共同体，从而催生出国家信息化战略的实施。

一、 文明发展和网络空间

（一） 文明与网络文明

文明，是有史以来沉淀下来的，有益增强人类对客观世界的适应和认知，符合人类精神追求，能被绝大多数人认可和接受的人文精神、发明创造以及公序良俗的总和。文明是使人类脱离野蛮状态的所有社会行为和自然行为构成的集合，这些集合至少包括了以下要素：家族观念、工具、语言、文字、信仰、宗教观念、法律、城邦和国家等。由于各种文明要素在时间和地域上的分布并不均匀，产生了具有显而易见区别的各种文明，具体到现代，就是西方文明、阿拉伯文明、东方文明、古印度文明四大文明，以及由多个文明交会融合形成的俄罗斯文明、土耳其文明、大洋文明和东南亚文明等在某个文明要素上体现出独特性质的亚文明。

网络文明，是指随着信息网络技术的应用而产生的一种新的文明形式，含义十分广泛，主要包括网络技术文明、网络精神文明和网络制度规范文明三个层面。网络文明建设的目的在于创建一个健康、有序、安全、具有活力、没有污染的"绿色"网络环境，防止和制止网络建设和发展过程中一些不文明的东西。网络文明离不开一定的网络管理的制度和规范，它是一个系统工程，需要依靠各方面的共同努力。具体来说：一是依法严格管理；二是网站的自律；三是网民增强文明意识。网络是一把双刃剑，只有去弊兴利才能充分发挥其对人类文明的积极作用。

（二） 世界各种文明在交流中互学互鉴

2019 年 5 月 15 日，亚洲文明对话大会在北京召开，习近平总书记作"深化文明交流互鉴，共建亚洲命运共同体"主旨演讲。主旨演讲立意高远、思想深邃，深刻阐明了人类文明发展的历史规律。深入学习领会习近平总书记演讲的要旨，需要从世界文明、亚洲文明、中华文明三个层面加以分析和理解。

1. 构建人类命运共同体

当今世界有 70 多亿人口、200 多个国家和地区、2 500 多个民族、5 000 多种语言。世界各国各地区各民族的人们，由于所处地域和国家自然条件、社会条件的不同，在长期的生产生活实践中创造了各具特色、异彩纷呈的各种文明。文明多样性是客观存在的。人类只有一个地球，各国共处一个世界。当前，世界多极化、经济全球化、社会信息化、文化多样化深入发展，和平、发展、合作、共赢是各国人民的人心所向，是世界发展的大势所趋。为了加强世界上不同国家、不同民族、不同文化的交流互鉴，夯实共建亚洲命运共同体、人类命运共同体的人文基础,习近平主席在主旨演讲中提出四点重要主张:一是坚持相互尊重、平等相待;二是坚持美人之美、美美与共;三是坚持开放包容、互学互鉴;四是坚持与时俱进、创新发展。

这些主张昭示了深化文明交流互鉴应该坚持的基本原则,这些基本原则就是,一反对孤芳自赏、唯我独尊,搞“文明优越论”;二反对封闭隔阂、相互对抗,搞“文明冲突论”;三反对故步自封、僵化保守,搞“文明终结论”。这三种论调本质上是一样的,都是将自己的文明定为一尊,“独此一家、别无分店”。各国各民族各种文明只有携起手来,加强交流合作、深化互学互鉴,不断发掘、利用人类已经积累和正在创造的一切优秀文明成果,特别是其中蕴含的启示、智慧与经验,致力于改善全球治理和建立更加公正合理的国际新秩序,致力于构建人类命运共同体,才能有效应对并化解挑战与难题,开创世界和平发展与人类文明进步的美好未来。

2. 亚洲文明深刻影响着世界文明发展

亚洲是人类最早的定居地之一,也是人类文明的重要发祥地。几千年前,生活在底格里斯河—幼发拉底河、黄河—长江、印度河—恒河等流域的人们就开始了农业耕作,并在农业经济的基础上立家、立族、立邦、立国,形成了交相辉映的几大古文明。在几千年发展历程中,亚洲人民创造了璀璨的亚洲文明,谱写了亚洲文明发展史诗,丰富了世界文明宝库,为整个人类文明发展进步作出了不可磨灭的贡献。

亚洲文明发展历程中,有三个方面的鲜明特点深深镌刻在世界文明发展的历史长卷中。一是亚洲各地区的文明很早就开始了交流互鉴活动,并形成贯穿亚欧大陆、绵延 2 000 多年的丝绸之路、茶叶之路、香料之路等古老商路,推动了亚洲文明的发展进步;二是亚洲尤其是中国、印度等国家的经济文化与科学技术发展在历史上长期处于世界领先地位,形成一大批曾经领先世界的文明成果,这些文明成果西传,曾对欧洲文艺复兴运动的发生和欧洲资产阶级革命、工业革命的兴起,从思想文化和经济技术上提供了重要条件；三是亚洲人民经过几千年的生产生活实践，在认识和处理人与自然、人与社会、民族与民族、国家与国家等关系中，创造和积累了独具特色和魅力的亚洲价值、东方智慧，深刻地影响着世界文明的发展进程。展望未来，全亚洲人民普遍期待建设一个和平安宁、共同繁荣、开放融通的亚洲。我们应顺应这种期待，把握大势、乘势而上，坚定文明自信、深化文明交流互鉴，努力把亚洲人民对美好生活的向往变成现实，共建你中有我、我中有你，命运相连、休戚与共的亚洲命运共同体，力争为构建人类命运共同体树立一个可资借鉴的先行范例。

3. 中华文明在交流互鉴中续写新辉煌

中华文明不仅是中华民族的文明，也是亚洲文明、世界文明的重要组成部分。在亚洲文明、世界文明的谱系中，中华文明具有鲜明特性和独特价值，是在同其他文明进行交流互鉴中不断形成和发展起来的文明体系。

千百年来，中华文明积极同周边和世界其他地区的文明进行交流互鉴，面对外来的各种文化和文明，保持开放包容而不丧失自我、兼收并蓄而不囫囵吞枣、积极借鉴而不照抄照搬，能够结合中国的具体情况和实际需要，有所鉴别有所分析地取人之长补己之短，因而能够不断地丰富和发展自己。正是由于具有这些鲜明特性和独特价值，中华文明才能够并善于在继承创新中不断发展、在交流互鉴中不断提高、在应时处变中不断升华，从而历经几千年而从未中断，不断续写自己新的历史辉煌。

今天的中华文明展现出更具活力、更有自信、更加开放的姿态。从根本上说，这是由于近一个世纪以来中国共产党带领中国人民，将中华文明、中华文化与马克思主义相结合而产生的磅礴力量所形成和造就的。俄国十月革命一声炮响，给中国人民送来了马克思列宁主义，使中国革命的面貌焕然一新。随后成立的中国共产党，将马克思主义确定为自己的指导思想，并将马克思主义基本原理同中国具体实际相结合，团结带领中国人民进行长期的艰苦卓绝的伟大社会革命，正是通过这一伟大社会革命，中国人民迎来了从站起来、富起来到强起来的伟大飞跃,成功开辟了中国特色社会主义道路,形成了中国特色社会主义理论体系,建立了中国特色社会主义制度,发展了中国特色社会主义文化,推动中国特色社会主义进入新时代,中华民族伟大复兴展现出无比光明的前景。其中值得特别指出的是,中国共产党人把马克思主义基本原理同中华文明、中华文化的鲜明特性与独特价值有机结合,形成了指导中国特色社会主义建设的重要思想和方针政策。

中国共产党人坚持把马克思主义与中华文明、中华文化在中国大地上、在中国人民的实践中不断结合并取得成功,是世界文明交流史上的光辉典范,充分证明一个国家悠久的本土文明与外来的先进文明是可以成功结合并产生出新的优势和新的力量的。中国文明以自身的价值和力量,屹立于世界文明的百花园中,正在并将继续为世界发展和人类文明进步提供可资借鉴的中国智慧和中国方案。

(三) 网络公共空间与网络文明参与

近些年来,越来越多的网民通过网络进行了各式的政治参与活动,对社会而言,这种自下而上自发建构的网络政治参与空前地释放了社会的参与需求,并且极大地提高了社会的话语权和行动能力,归结起来,主要是四种比较重要的网络政治参与形式。

1. 后现代化与政治文明参与

马克思所描述的资产阶级和无产阶级的政治斗争以西方社会为背景,揭示出西方社会断裂时期的政治趋势。对于许多后发现代化国家而言,由社会经济变革所带来的社会阶层关系的变化同样会促使新兴阶层寻求各种渠道参与政治,以实现和保护他们的经济利益。美国著名政治学家塞缪尔·亨廷顿在《难以抉择:发展中国家的政治参与》一书中指出发展会在五个方面促进发展中国家的政治参与水平:一是政治参与会随着社会—经济地位变化而变化。“受教育程度和收入较高以及职业地位较高的人,通常比收入、受教育程度和职业地位低的人更多地参与。经济发展增大了社会上高地位角色的比例”。二是经济和社会发展在社会群体之间造成了一种紧张关系。“新群体的出现，使现存群体受到威胁，低地位群体力图改变自己的命运，结果是各社会阶层、各地区、各社区的群体之间不断发生冲突”。三是经济复杂化导致各种组织和社群大量出现并使更多的人涉入团体。四是经济发展要求同时也促使政府职能扩大。“政府活动愈影响社会群体，这些群体就愈是觉得政府与自己的目的相关，也愈是积极努力地去影响政府决策”。五是社会—经济现代化通常是以国家发展的形式出现的，从而会出现一种“个人对国家认同加强”。而“这种认同在理论上体现于公民权的概念，这种公民权概念超越了社会阶层和社区群体之间的界线，从而为大众性政治参与奠定了基础”。①

概言之，无论是马克思主义政治理论，还是亨廷顿的现代化政治理论，都强调社会变革引发社会政治参与需求的产生，其中都蕴藏着一个核心假设，即人们的政治参与是为获得更多的政治利益。

2. 中国社会的深刻转型

自近代以来，中国社会已经两次深刻转型，一次是中国革命的胜利和革命后的社会主义改造而形成的社会主义新社会；另一次是改革开放以来由体制改革和市场经济发展所形成的当前社会形态。特别是 1978 年开始的改革开放以及由其带来的体制改革和市场经济发展逐渐促使总体性社会出现种种松动，由此中国便进入到一种分化性社会的进程。分化性社会的出现与国家的主动撤退是紧密相关的，这包括国家控制范围的缩小、控制力度的减弱、控制方式的改变，以及控制手段的规范化。

在这种态势下，一种游离于国家之外的社会空间和资源配置方式开始形成，于是中国的社会结构开始出现分化，很显然的是，分化性社会的形成

---

① 〔美〕亨廷顿、纳尔逊著，汪晓寿等译：《难以抉择：发展中国家的政治参与》，第 47—48 页，华夏出版社 1989 年版。

是通过国家主动实施的体制改革来完成的，开始是农村的社会结构和经济方式的改革（家庭承包责任制和乡镇企业），然后是城市的社会结构和经济方式的改革（单位制让位于街居制，多元市场主体的出现，国有企业改革），以及中央与地方之间的再调整（地方自主性的提高）。这种社会的结构分化逐渐带来了一系列结果：一是社会阶层构成的复杂化、多元化；二是社会流动性开始加速；三是社会利益分化逐渐出现。利益分化一方面是社会分层的必然后果。同时，也受到资源分配的制度安排的强烈影响；四是社会价值观的改变。除了体制改革之外，对分化性社会起到最根本性变化作用的是市场机制。市场机制不仅在财富分配上两极分化，而且还在深刻地改变着人的价值观，这对普通人是如此，对社会精英（政治的、经济的、知识的）也是如此。以市场经济为特色的分化性社会中，以利益追求和金钱导向的价值观开始全方位地渗透。

3. 改革开放以来中国社会阶层的分化

改革开放以来，中国从总体性社会到分化性社会的过渡进程中，各项事业都取得了显著的成就。就政治发展而言，中国从总体性社会到分化性社会的过渡过程几乎囊括了亨廷顿所说的“变动社会”中诱发社会政治参与需求的全部因素，这包括社会经济地位的变化、社会阶层之间的紧张关系的出现、社会自组织现象的大量涌现、政府职能的扩大、公民权观念的形成、城市化、文化与教育水平的提高、大众传播媒介的普及。由此带来参与中国社会政治的动力和压力，其主要原因是：

（1）社会经济地位的变化

中国已经出现十大社会阶层，即：国家及社会管理者阶层、经理阶层、私营企业主阶层、专业技术人员阶层、办事人员阶层、个体工商户阶层、商业服务业员工阶层、产业工人阶层、农业劳动者阶层和城乡无业失业半失业者阶层。原先社会阶层的社会—经济地位经受了重新洗牌，其中包括国家、社会管理者阶层地位和新兴的私营企业主阶层地位的上升，大量中产阶级的出现,工人阶级、农民阶级地位的下降。

（2）社会阶层之间紧张关系的出现

许多学者都注意到20世纪90年代中期开始,中国已经形成了一种“以利益集团和强势阶层为主导的刚性利益分配格局”。[①] 在这种利益分配格局之下,社会各阶层之间的利益分配严重失衡,社会各阶层之间的矛盾也越来越突出。

（3）自发成立的社会组织大量涌现

截至2017年底,全国共有社会组织76.2万个,比上年增长8.4%;吸纳社会各类人员就业864.7万人,比上年增长13.2%。全国共有社会团体35.5万个,比上年增长5.6%。全国共有各类基金会6 307个,比上年增长13.5%,其中公募基金会1 678个,非公募基金会4 629个;民政部登记的基金会213个。全国共有民办非企业单位40万个,比上年增长11.0%。

此外,还有政府职能的扩大、公民权观念的形成、城市化加速推进、文化与教育的普及、大众传播媒介普及五个原因,具体就不一一分析了。抛开理论分析,从实践中观察的结果也能反映中国社会转型所带来的社会政治参与需求的扩大。

4. 社会自发的网络政治文明参与

按照政治参与理论,公民是否参与政治往往在宏观上受到政治社会结构、政治价值取向和社会文化的影响,既取决于政治兴趣又取决于政治参与的成本和收益考量。从宏观层面上来说,由于利益分化和其他社会需求的作用,中国社会已经潜藏了巨大的政治参与压力,这成为社会自发建构新的参与渠道的结构性背景。从微观层面上来说,网络公共空间的一系列技术性优势营造了一种使得网民易于、乐于、敢于参与的新型的时空环境。

---

① 王春光:《快速转型时期的利益分化与社会矛盾》,《江苏社会科学》2007年第2期。

具体来说：一是网络公共空间的开放性为每个网民提供了平等的参与机会。相比现实空间，网络公共空间在容量上趋于无穷大，这解决了参与渠道的稀缺问题。二是网络公共空间的便捷性将政治参与的成本大大降低。对网民来说，只需鼠标、键盘、输出终端和联网设备就可以方便地穿越网络公共空间，而这些活动在经济上几乎是零成本。三是网络公共空间的互动性和聚合性使得网民更加乐于参与。不同于其他媒介，互联网（特别是5G技术）具有无与伦比的互动性，这种互动性将更多的网民拉入并粘在网络公共空间之中。同时，网络公共空间能够将身处不同时空的社会个体聚合到一处就社会热点时事进行漫无边际的讨论，这无疑会激发出更多的政治参与热情。四是网络公共空间的匿名性营造了一种敢于参与的心理情境。从国家的技术控制能力上说，网络公共空间并不具有匿名性，国家可以动用先进的技术手段找到任何想找到的网民。但是，对普通网民而言，网络公共空间的虚拟身份还是会给他们造成一种无须承担社会责任的心理幻觉，这种心理幻觉降低了网民的心理负担，从而敢于参与。

然而，无论是政治社会结构所蕴藏的政治参与压力，还是网络公共空间在技术维度对政治参与障碍的消解，都只是构成了一种诱发网络政治参与的结构性因素。实际上，社会自发的网络政治参与的大量涌现往往还存在一些更加具体的推动机制，主要有精英网民的引领与创新、基于利益追求的商业推动，以及典型事例的示范带动效应。

二、杨浦“网络文明”创建

文明城市是社会文明、社会和谐在城市的缩影，是社会文明、社会和谐在城市的集中表现。尤其是在工业时代、信息时代的城市文明，更典型、更集中地反映了该时代社会文明的特征和状态，更突出了社会和谐的本质要求——作为和谐社会核心理念、核心价值的城市文明，应成为承载社会和谐、展示社会和谐、提升社会和谐的理想样式、理想追求。

（一） 中国特色网络文化是国家文化软实力象征

1. 网络文化是人类社会发展到信息时代而出现的新文化

网络文化是人类社会发展到信息时代而出现的新文化，是伴随互联网的产生和普及而兴起的新兴事物。它是当代社会文化的重要组成部分，主要是指网络中以文字、声音、图像、视频等形态表现出来的社会文化成果。互联网是这种文化表现、传播的载体和工具。

网络文化的内容和形式非常广泛，包括新闻、动漫、网络游戏、网络音乐、网络文学、网络论坛等，还包括网上传播的各种信息、网络视频、网络技术的应用，网络的教育、培训、网络出版等。现在有很多信息在网上传播，这些都是网络文化的重要内容。网络被称为继广播、电视、报刊之外的第四媒体，有传播速度快、信息量巨大、双向互动等传统媒体无法比拟的优势。随着互联网的普及，网络文化的发展异军突起，大有超越其他媒体形式的趋势。

2. 网络文化是社会主义精神文明建设的重要阵地

随着互联网对人们精神文化生活的影响越来越大，已是社会主义精神文明建设的重要阵地。2007 年 6 月 3 日至 4 日，“全国网络文化建设和管理工作会议”在北京举行，时任中共中央政治局委员、中宣部部长刘云山出席会议并讲话，他指出：建设中国特色网络文化是党中央从中国特色社会主义事业总体布局和文化发展战略出发作出的重大部署。加强网络文化建设和管理，是发展社会主义先进文化、满足人民群众日益增长的精神文化需求的迫切需要，是占领思想文化阵地、促进社会稳定和谐的迫切需要，是顺应人民群众强烈愿望、保护青少年身心健康的迫切需要，是树立国家良好形象、增强国家文化软实力的迫切需要。

2019 年 8 月 30 日发布的第 44 次《中国互联网络发展状况统计报告》显示：截至 2019 年 6 月，我国网民规模达 8.54 亿，互联网普及率达 61.2%，普及率首次超过六成。同时，我国 IPV6 地址数量较上年年底增长 14.3%，比 2018 年底提升 1.6 个百分点，已跃居全球第一位。“.CN”顶级域名总数为 2 185 万个，顶级域名数量持续增长。我国手机网民规模达 8.47 亿，网民使用手机上网的比例由 2018 年底的 98.6%提升至 99.1%，接近 100%。此外，我国数字经济总量达 27.2 万亿元。

随着 5G 年代、万物互联年代的到来，网络安全面对新的难题。5G 技能便是一把双刃剑，它完成了核算与通讯的交融，根据大数据人工智能的网络营运维护，减少了人为的过失；但 5G 的虚拟化和软件界说才能以及协议的互联网化、敞开化也引入了新的安全危险，使网络或许遭到更多的浸透和侵犯。网络安全已经是国家、社会、企业甚至个人绕不开的重要问题。面对网络文化的复杂发展状况，政府应该如何去管理和引导这一新生事物，使之健康发展，如何才能做到规范与繁荣并举，建设有中国特色的网络文化，成为当前亟待解决的重要问题。

网络文化是一种正在形成过程中的新文化，对其进行管理应注意指导性管理与制度化管理的科学结合，要在探索和建立中国式网络文化模式上下功夫。网络文化必须同知识文化、信息文化、传媒文化相融合，进而形成中国特色网络文化，电信、电视、互联网的融合是我国网络文化发展的一种趋势。

3. 构建中国特色社会主义的网络文化

进入新时代，互联网已成为思想文化信息的集散地和社会舆论的放大器，我们要充分认识以互联网为代表的新兴媒体的社会影响力，高度重视互联网的建设、运用、管理，努力使互联网成为传播社会主义先进文化的前沿阵地、提供公共文化服务的有效平台、促进人们精神生活健康发展的广阔空间。

针对网络文化对我国社会主义精神文明建设的正负两方面的影响，我们在对网络使用实行科学管理和法规约束的同时，要重点从四个方面加强中国特色社会主义的网络文化建设：一是要积极开辟网络法规教育网站和健康的文化教育网站，引导初涉网络的民众特别是青少年，自觉遵守网络法规，正确选择和运用网络文化知识；二是要尽力构筑政治、经济、文化、社会等领域的过滤网，抵御损害国家利益、消磨干群斗志、腐蚀人们灵魂及西方敌对势力的渗透等破坏性信息的侵袭；三是要积极创建中央和地方高品位、高质量的中文网站，提高中文网络文化的普及程度，大力拓展中国信息的辐射空间，增强我国网络文化的内外影响力，弘扬我国的优秀传统文化，传播各类健康、向上的信息，增强中华民族的自尊和自信；四是要大力发展"政府网"和"一网通"等民心工程，实行政务公开，使热心的网民能够积极参与民主监督，在网上帮助政府树立良好的形象。通过充分拓展我国网络信息的辐射空间，增强中华民族的自信心，减少信息垃圾对人们的危害，培养人们抵御各种不良信息的能力，积极鼓励人们弘扬正气，为建设高度的社会主义精神文明和实现复兴中华之梦贡献力量。

（二） 加强网络建设，提升城市智能化水平

1. 与百度签署战略合作框架协议

2018 年 11 月 27 日，杨浦区政府与百度签署战略合作协议，将在人工智能、云计算等领域展开深度合作，打造杨浦人工智能特色产业集聚区，建设百度上海创新中心。根据协议，杨浦区与百度将在着力打造杨浦人工智能特色产业集聚区、共同推进百度（上海）创新中心建设、助力杨浦智慧城市建设、政府产业基金协同等方面深入合作。

位于长阳创谷内的百度（上海）创新中心，是百度在上海唯一的创新中心。该中心基于百度"云计算+大数据+人工智能"三位一体战略布局，共享国际上先进的技术，将吸引更多人工智能前沿科技企业驻留杨浦。百度将助力建设上海杨浦人工智能展示体验中心，为长阳创谷打造首个人工智能体验式应用场景。百度还将担当技术顾问，协助杨浦区内的科技产业基金，进行产业筛选和技术赋能。

2. 实现杨浦城区 5G 网络全覆盖

杨浦区坚持以习近平网络强国战略思想为指导，加快实施《上海市推进新一代信息基础设施建设助力提升城市能级和核心竞争力三年行动计划（2018—2020）》，对照国际最高标准、最好水平，着力打响“双千兆宽带城市”品牌。聚焦以 5G 为引领的新一代信息基础设施建设，加快推动 5G 规模部署，打造市级精品网络，以提升 5G 产业链协同创新与集聚发展能力，助力经济高质量发展，促进 5G 与城市建设管理、社会治理及各行各业融合应用，支撑城市高效率运行、市民高品质生活。

2019 年 3 月 30 日，全球首个行政区域 5G 网络在上海建成并开始试用，据了解继 5G 在杨浦区域五角场商圈的率先落地后，上海移动该年计划于国庆前在杨浦集中部署 5G 基站，实现城区 5G 网络全覆盖，五角场商圈、长阳创谷、复旦大学等重点区域优质覆盖，垂直行业应用场景精品覆盖，持续加快杨浦区通信基础设施建设。同时，上海移动将进一步聚焦人工智能、科创、教育、医疗等杨浦特色垂直领域，加强 5G 联合创新，打造 5G 端到端的解决方案，落地中国移动“5G+”计划，赋能杨浦双创，助力杨浦 5G 创新城区建设。

3. 打造智能城市建设新标杆

早在 2010 年杨浦区就制定了“十二五”信息化建设和管理五年规划，以后在杨浦区“十三五”的综合规划中，都对全区包括网络建设在内的信息化发展作出了重要部署和安排，提出要实现项目化推进，充分发挥在人工智能、大数据、云计算、物联网、自动驾驶、智能城市等领域的技术优势，推动包括智能交通、智能出行、智能安防、智能医疗、智能环保、智能城市和民生保障管理等试点，进一步提升杨浦区城市智能化水平，打造智能城市建设标杆。

至 2018 年底，杨浦集聚了 200 家云计算企业，是上海云计算产业集聚区之一，根据《关于上海市云计算创新基地建设优惠政策》，编制了《上海市杨浦区云计算创新基地建设优惠政策实施细则》。以“基金+基地”模式推进产业发展,推进上海市云计算创新基地建设,努力构建云计算创业孵化器、云计算企业加速器、云计算总部基地、云计算人才实训基地“四位一体”的发展格局。预计到2020年杨浦区仅人工智能产业的产值就将超过300亿元,杨浦将成为全球创新最活跃、创业最成功的城区之一。

4. 智能化行政服务中心提高政务效能

杨浦区在全市最早先诞生于网络,再走向实体化。带着与生俱来的互联网基因,又置身于全国双创示范基地的热土,在“互联网+”逐步走进政务的时代,杨浦区最早建成智能化行政服务中心。2018年10月,杨浦“网上政务大厅”正式上线,一年后,网上大厅实现了实体化并正式开放运行。占地6000平方米的政务大厅,共设有窗口61个,首批进驻中心协同办公的政府职能部门共18家,纳入行政审批事项及其他服务事项161项,为企业提供线上线下联通的智能办事服务。

新成立的政务大厅处处体现着智能化。在行政服务中心执勤的机器人,在全上海是第一个。它能与人毫无障碍地进行交流,并对提问者的问题提供一连串答案,如果提问者不明白,还可以继续提问。此外,功能齐全的自主服务终端,能够帮助办事企业获取办事信息。辅助填表机,提供全部办事事项的样张、样表,就算是初次办理的企业也可以轻松地跟随指示操作。通过网上政务大厅或手机App,还可以办理预约业务。同时,实体大厅是网上大厅的延伸,已经实现了各项办理业务的电子化,政府的18个分散在外的部门全都搬到政务大厅集体办公,使多个单部门审批的模式,转化为一平台多部门协同受理。过去企业通过审批要“来回跑”,如今只需要“一窗受理”就可搞定。

(三) 统一部署,积极开展网络公益活动

杨浦区根据网络媒体的便利化特点,重视网络公益活动。从2018年起,积极部署开展网络公益活动,吸引了广大网民的广泛参与,收到很好的

社会成效,传播了社会主义的核心价值观。

1. 统一部署,全面宣传

杨浦区坚持点面结合原则,面向全区 12 个街道镇,广泛推开网络公益活动,积极推进“互联网+公益”,推动互联网与公益事业更好地融合发展、相互促进。同时,落实重点单位、重点人群。推出打造网络公益宣传平台矩阵、策划开展地方特色网络公益项目、开展网络扶贫帮困等措施,动员全区机关干部、企事业单位、社会公益组织、志愿服务组织网站、经营性网站等重点单位职工共 7 万多人次参与其中,据不完全统计共计投入资金 100 万元左右。

2. 组织开展网络公益活动

自开展网络公益活动以来,社会影响比较大的活动有:一是开展网上扶贫帮困活动。组织开展“爱心扶贫 · 有你有我”“2018 精准扶贫走进杨浦社区”,号召广大社区居民以家庭消费方式,利用网络购物平台,帮助云南、贵州等地的贫困户农。二是开展网络公益慈善活动。2019 年 1 月 28 日,第二十四届“蓝天下的至爱——万人捐帮万家”万人上街慈善募捐活动暨长白新村街道“慈善在线”公益直播在上海理工大学大礼堂正式启动。三是开展网络支教助学活动。这是杨浦区教育系统利用网络技术的一个公益支教助学平台。四是开展网络环境保护活动。2018 年以来,开展了多项网络环境保护活动。如 2018 年度“垃圾分类伴我成长”主题宣传活动,普及垃圾分类知识,努力提高垃圾分类的知晓率和覆盖率。五是开展精神文明创建宣传口号网络征集活动。利用微博、微信等网络平台向全区广大市民征集“全国文明城区创建宣传主题口号”,体现杨浦创新创业、睦邻家园、高校集聚、百年文明的特点。

3. 全区网络公益活动成效显著

全区自网络公益活动开展以来,取得了一系列积极成效。如通过“爱心扶贫 · 有你有我”进社区活动,280 余名建档立卡的云南贫困农户获得实实在在的帮助,实现年度增收脱贫;在“慈善在线”公益直播活动中,收到企业和个人捐赠共计 50 万元左右;在网络支教助学活动中,自“名师辅导”“名师讲坛”“名师经典”三大专栏开播以来,受到广大学生、家长的欢迎,成为杨浦区基础教育的新亮点。

三、 杨浦“网络文明”治理

(一) 加强网络安全宣传,树立网络安全意识

多年来,杨浦卓有成效地将“三区联动、融合发展”的理念运用于网络安全工作中,每年举办宣传周,充分依托区域内高校、科技园区以及社区资源,并向商圈延伸,形成覆盖杨浦全域的宣传氛围。2018 年 9 月,杨浦区人民政府与复旦大学联合举办了“2018 年国家网络安全宣传周上海地区活动——网络安全治理和产业创新发展论坛”,发布了杨浦区政务外网光缆预警系统,从而为杨浦区包括政务网、专用网络、金融关键通信线路和国防通信线路提供智能安全保障。据介绍,这是杨浦区响应国家号召,加快构建关键信息基础设施安全保障体系的具体举措。

杨浦区在推出网络安全进社区活动的同时,还在各高校和科技园区开展网络安全宣传活动,以丰富多彩、生动翔实的宣传讲座、知识展览、沉浸式互动体验等形式,促使群众树立网络安全意识,教授其正确应对网络安全威胁的方法和技巧,形成人人参与网络安全,人人共享安全网络的良好氛围。

多年来,杨浦区通过定期举行一系列网络安全特色活动,包括“一主七分”的网络安全高峰论坛、网络安全成果展、网络安全知识展、网络安全技能竞赛(ISG)、首席安全官研讨会、全民网络安全知识大比拼以及各主题日活动,旨在让市民“看得懂、学得了、防得住”,在享受网络便捷的同时,提高防范网络安全威胁的能力和意识。

(二) 积极倡导文明办网、文明上网,净化网络环境

杨浦区委宣传部等部门按照树立社会主义荣辱观的要求,积极倡导文

明办网、文明上网、净化网络环境、抵制不文明行为、形成健康向上的网络文明新风。号召全区互联网从业者和广大网民，遵守《文明上网自律公约》，从自身做起，在以积极态度促进互联网健康发展的同时，承担起应负的社会责任，始终把国家和公众利益放在首位，坚持文明办网、文明上网。

网络安全离不开一定的网络管理的制度和规范，它是一个系统工程，需要依靠各方面的共同努力。一是依法严格管理；二是网站的自律；三是网民增强文明意识。网络是一把双刃剑，只有去弊兴利才能充分发挥其对人类文明的积极作用。按照社会主义核心价值观和《文明上网自律公约》要求，每个网络要努力做到：自觉遵纪守法，倡导社会公德，促进绿色网络建设；提倡先进文化，摒弃消极颓废，促进网络文明健康；提倡自主创新，摒弃盗版剽窃，促进网络应用繁荣；提倡互相尊重，摒弃造谣诽谤，促进网络和谐共处；提倡诚实守信，摒弃弄虚作假，促进网络安全可信；提倡社会关爱，摒弃低俗沉迷，促进少年健康成长；提倡公平竞争，摒弃尔虞我诈，促进网络百花齐放；提倡人人受益，消除数字鸿沟，促进信息资源共享。

（三） 成立“杨浦区互联网创新企业志愿者联盟”

维护网络空间安全需要全社会的共同努力，要发挥企业和人才作用，也需要更多践行者、志愿者的积极参与。2018 年 9 月，“杨浦区互联网创新企业志愿者联盟”宣告成立。据介绍，联盟内的企业将发挥自身在网络信息技术和内容供给上的优势，切实承担起企业的社会责任，提升网络安全防范能力，助力建设清朗的网络空间环境。志愿者联盟还将通过定期举办一系列实际行动，担当“共建网络安全，共享网络文明”的践行者、宣传者、保护者和捍卫者，为守护网络空间，传递网络正能量，担负起社会责任。

杨浦区在加强网络治理方面，要求区政府率先作出榜样。在着力加强政府电子政务管理方面进一步完善举措，取得了经验，其主要做法：一是完善管理体制。建立由区政府办等多个部门组成的电子政务联席会议制度，负责指导、推进和管理全区电子政务项目的建设和应用,保障政府电子政务日常工作有序开展。二是加强项目管理。按照“统筹安排、分类管理、充分论证、分步实施”的原则,由联席会议统筹安排,加强专项经费管理。三是加强资源共享。积极做好政务数据资料采集、管理、利用工作,建立区域公共数据目录交换平台,实现跨区域、跨部门的信息共享和数据交换。除国家、市另有规定外,区基础性、公共性数据库的信息,均纳入信息共享和数据交换范围。四是加强信息安全保障。建立完善电子政务信息安全保障体系,定期开展相关信息安全监督检查,加强电子认证服务、信息安全监测预警和数据灾难备份等基础设施建设,为网络与数据安全等提供技术保障,确保政务信息安全。五是加强业务培训。建立健全区电子政务培训制度,全面提升各级领导干部和公务员的电子政务意识和能力水平。

从 2015 年起,杨浦区每年开展“优秀首席安全官评选”活动,旨在发掘网络安全的幕后英雄——“CSO”群体的价值,建设富有中国特色的首席安全官制度,树立优秀网络安全主管的典范,全面提升企事业单位信息安全整体水平,对在网络安全工作上作出显著成绩的给予表彰。2018 年,上海交通大学姜开达、浦发银行蒋瞳等 10 位在网络信息安全管理岗位上作出积极贡献的个人,被杨浦区网信办授予“十佳”首席安全官并获“稀锁奖”。

第十一章

杨浦“文明发展”与中国特色的城市化

城市记录着人类文明发展的历程，彰显着文明发展的成果，而城市化在宏观社会领域体现了一国或地区的文明发展水平，彰显着综合国力。城市化是社会经济发展的必然结果，目前，发达国家基本上完成了城市化，而广大发展中国家正在进行城市化的过程中。根据世界各国的城市化发展经验，城市化水平达到30%时，城市化进程将进入加速发展时期。2018年，我国的城市化水平是59.58%，用了40年时间使中国的城市化水平提高了41.68%，几乎就是每年提高1个百分点，这是世界少有的城市化奇迹。改革开放40年达到的经济成就为加快我国城镇化进程奠定了良好的物质基础。

一、中国“城市化”的文明发展取向

不同理念指引下的城市化会形成不同的方向和模式。中国特色的城市化发展导向，不同于西方发达国家的独特性在于，中国的城市化是社会主义的城市化，城市化的理念来自于马克思主义的科学社会主义社会建设理想，中国的城市化是一个建立在中国现实国情的基础上，将马克思主义理论与中国城市发展实践相结合的不断探索的过程。新中国成立以来，中国的城市化大致经历了三个阶段：1949—1978年新中国成立初的百废待兴阶段；1978—2014年的快速发展阶段；2014年新型城镇化建设开启的文明发展阶段。基于不同阶段城市化发展进程面对的现实国情，中国的城市化发展导向也在不断发生转变,由最初以国家稳定为目标的政治导向,经历以改善物质条件的经济导向,正走向“以人的全面发展为核心”的文明发展导向。

(一) 中国特色城市化内涵以“文明发展”为导向

“文明发展”导向凸显的是城市化的价值内涵。“文明发展”回答的是城市化发展的宗旨和目的问题,明确了城市化发展是为了什么、城市化发展的目标是什么,对这些问题的回答为衡量中国城市化结果的优劣提供了参考标准。城市化的发展是社会发展的现实载体,近现代以来,发展的价值取向从“以物为本”到“以人为本”“以人民利益实现为本”“以人的全面发展为本”,这既是发展观的重大转变,更是发展的价值理性的确定。“文明发展”的价值理性,是在“文明发展”的社会建设实践中不断认识和把握的。在改革开放初期,邓小平提出社会主义的本质在于“共同富裕”①,表明社会发展的首要目标之一是改善人民的物质条件,“贫穷不是社会主义”意味着中国早期的城市化是以改善物质条件、提高人民的生活水平为目标的,其根本还是为了人。

随着城市化快速发展,经济建设取得举世瞩目的成就的同时各种城市问题全面爆发,面对粗放的快速城市化形成的环境污染等不可持续发展问题,党的十七大报告在科学总结了中国改革开放的伟大历史进程和宝贵经验的基础上提出了“科学发展观”,进一步强调发展的核心是为了人,发展要兼顾人与环境的和谐。党的十八大提出“五位一体”建设总布局,则是为了保障人民获得良好生产生活环境,实现中华民族永续发展,而将科学发展观落实到政治、经济、文化、社会和生态建设的实践中。党的十九大则在分析中国现实国情的基础上指出:新时代来临,社会主要矛盾已经转变为“人民日益增长的美好生活需要和不平衡不充分的发展之间的矛盾”,再次强

---

① 邓小平:《在武昌、深圳、珠海、上海等地的谈话要点》,《邓小平文选》第三卷,第 373 页,人民出版社 1993 年版。

调增进民生福祉是发展的根本目的。

由此可见,“文明发展”理念是在现实社会建设实践中围绕人的文化价值取向,通过不断摸索如何妥善处理“人本性与自然性”“经济性与人文性”“实效性与科学性”的矛盾关系中逐步形成的。因此,“文明发展”导向的中国特色城市化内涵包括了三个方面的协调发展。第一,人本性与自然性的协调发展。近现代以来城市化的价值取向从“以物为本”到“以人为本”的转变,正是在“文明发展”实践中,认识与把握了“人本性”与“自然性”的对立统一关系之后,才形成人与自然应和谐相处的价值理性的。第二,经济性与人文性的协调发展。经济发展的“物本性”取向与“人本性”的矛盾冲突,在现当代表现为“经济性”与“人文性”的矛盾与冲突,人在经济增长中的唯“经济化”“物化”意识、行为,必然弱化人的“人文价值”,弱化社会的精神文明。在“文明发展”实践中需要把握“经济性”与“人文性”的对立统一关系,实现两者协调发展的城市化。第三,实效性与科学性的协调发展。“文明发展”的价值理性内蕴着发展的实效,即“文明发展”必然要关注发展的“有用性”和“结果性”,并从“文明发展”的结果性——如发展带来的数量变化、形态变化、结构变化等来验证“文明发展”的实效性。但脱离了科学性的实效性就会走入盲目追求增长的野蛮发展陷阱,“文明发展”的实效性是在发展的科学性指导下所取得的实效、实绩。

(二)　中国特色城市化“文明发展”的建设目标

“文明发展”导向的中国特色城市化是以科学发展观为本质内涵,以“五位一体”为现实社会建设内容,以政治文明、物质文明、精神文明、社会文明、生态文明协调发展为目标的文明城市化,这样的城市化方向落实到实践中,则体现为城市化建设的三个目标。[①]

① 鲍宗豪:《当代中国文明论:文明与文明城市的理论研究》,第 69 页,东方出版中心 2019 年版。

1. 城市的形态文明

城市的形态文明是城市的外貌,体现在城市建筑等硬环境文明和生态保护等自然环境文明两个方面,包含了城市规划科学合理、城市地方特色建筑保护有力、城市公共基础设施完备及人性化、城市生态环境文明等内容。

第一是城市规划科学合理。城市发展需要科学合理的城市规划来保障城市建设和发展有序性。城市规划是在研究城市未来发展的基础上,设计城市的合理布局和综合安排城市各项工程建设。只有通过对未来城市的经济发展、社会进步、土地利用、环境保护、空间布局以及各项建设进行综合部署,打造布局合理、区域协调的优美城市环境形态,才能为城市人民的居住、学习、工作、生活创造良好的条件。

第二是在城市地方文化特色保护有力前提下的"城市有机更新"。城市承载着人类文明的发展成果,每个城市都具有体现不同时期城市文明发展的地方特色。城市文化体现着不同城市的生活方式、城市风貌,是城市相互区别的独特性所在,也是城市"软实力"提升的基础,更是人类文化发展丰富性的体现。城市学家刘易斯 · 芒福德在《城市文化》中指出,"城市文化归根到底是人类文化的高级体现"。因此,保护具有地方文化特色的建筑,注重彰显城市的个性和灵魂的具有文明碎片意义的城市建设,推进"城市有机更新",是城市形态文明建设的重要内容。

第三是城市基础设施的完备及人性化。城市基础设施是改善人民物质文化生活条件和推动城市经济社会发展的基础。习近平在中央经济工作会议上强调,要"提高城市建设和管理科学化水平,系统完善城市基础设施,促进城市网络化、智能化、个性化发展,改善人居环境质量"。[①] 可见城市基础设施是城市文明发展的基础,而城市基础设施的完备性和人性化则体现着城市发展的文明程度。城市基础设施建设是维护市容市貌,保障城市形

---

① 习近平:《在中央经济工作会议上的讲话》(2012 年 12 月)。

态文明的关键,在推进城市基础设施建设时,需要把城市作为一个有机体来对待,用"城市有机更新"来保证城市基础设施的完备性和人性化。

第四是生态环境文明。城市的生态环境文明,体现着人与自然的和谐共存,是城市可持续发展的保障,更是城市形态文明的客观表现。2018 年在全国生态环境保护大会上习近平强调:生态文明建设是关系中华民族永续发展的根本大计。生态环境是关系党的使命宗旨的重大政治问题,也是关系民生的重大社会问题。① 习近平生态文明思想主张经济发展必须以人与自然之间的共生作为其前提条件,"绿水青山就是金山银山"。良好生态环境是最公平的公共产品,是最普惠的民生福祉。环境就是民生,青山就是美丽,蓝天也是幸福。我们要大力推进生态文明建设,提供更多优质生态产品,不断满足人民群众日益增长的优美生态环境需要。生态环境没有替代品,用之不觉,失之难存。坚持以人民为中心的发展思想,增加优质生态产品供给,提升人民群众获得感、幸福感,是城市生态文明建设的目标,也将最终体现于城市形态文明的表象。

2. 城市的素质文明

城市素质文明包含城市市民素质文明、服务素质文明等内容。城市市民素质文明表现在公共行为文明、公共意识、文化素养、道德意识等方面。市民文明素质是市民在长期的学习、工作与生活实践中形成的生理与心理、思想与道德、知识与文化、交往与发展等方面所具有的能力和资本;市民文明素质是市民的一种内在修养,并通过自身的形象展示其内在素质。市民文明素质强调的是市民素质的"文明"本质,即市民的素质应与文明时代的要求相符合,不仅应在思想道德、科学文化等方面具备良好的修养,而且应在行为方面养成"文明"习惯,并在城市公共场所、公共交往、公共活动、公共秩序等方面体现市民所具备的"文明素养"。市民群体在城区、城市"公共领域"

① 习近平:《坚决打好污染防治攻坚战　推动生态文明建设迈上新台阶》,新华网 2018 年 5 月 19 日。

所体现、展示的文明素养,构成一个城区、一个城市的“公共文明素养”。

城市服务素质文明主要是指城市第三产业服务文明、政府公共服务文明和政府执法文明。城市第三产业是商业性的服务行业,也是城市对外的窗口行业,人们到一个城市最先接触的可能就是第三产业从业人员,因此他们的服务质量,会形成最直观和深刻的城市印象,礼貌、专业的商业服务供给不仅展现着城市优良的文明风貌,也是形成文明社会氛围的基础;城市政府公共服务文明不仅体现着政府职能转变的成效,也体现着政府社会治理能力现代化的水平。政府职能转变,首先是理念的转变,从管制到服务,在公共服务提供的方法上需要作出调整,要从行政方法的自上而下的分配式供给,转变为自下而上的按需供给,即要在了解城市人民需求的前提下提供服务,提高公共服务供给的便捷性和均等性。政府公共服务是人人可以平等享受的公共产品,在提供公共服务时市民能否方便快捷地获得服务,体现着公共服务供给的文明程度,而公共服务的均等化供给则体现着城市的公平程度;城市政府的执法文明表现在城市执法人员在执法过程中的行为文明和执法公正性方面,依法文明执法是对城市执法部门的要求也是职责所在。城市执法部门本身就代表城市社会的正义力量,是城市社会文明理性的保障,因此城市政府的执法文明是推动城市文明秩序的保障,也是城市文明素质提高的体现。

3. 城市的功能文明

现代化城市是具有政治、经济、文化等多种功能的城市,随着城市规模的扩大,城市的功能也变得越来越多样化,但城市作为人类聚居的较高级形态,决定城市最终的功能是为了给居民提供高品质的生活环境。因为居民才是城市的主人,城市的各项功能都是直接或间接为城市居民服务的。所以在推进中国城市化进程的过程中,要始终明确城市化是最终为人服务的目的。在城市建设的各项规划中,应该处处考虑到人的发展需要,特别是对美好生活环境和提高生活质量方面的需要以及城市弱势群体的保障性需要,坚持以人为本的理念来设计城市功能,以城市社会的有序运行作为城市功能文明的体现。当前代表城市功能文明建设水平的是“智慧城市”建设，《国家新型城镇化规划（2014—2020）》中特别强调“推进智慧城市建设”，指出了推进中国特色城市化进程中的城市功能文明建设的导向。“智慧城市”建设以智慧设施为基础，以智慧技术为手段，以智慧产业和智慧应用为载体，实现智慧服务、智慧治理、智慧人文、智慧生活的发展目标。换句话说，“智慧城市”是随着信息技术的创新，以大数据时代的来临为背景的城市创建，是以全面提高城市治理水平，实现城市功能系统升级为目标的建设，“智慧城市”建设的推进，是中国城市化走向功能文明的时代标志。

（三）“文明发展”导向的中国特色城市化评价体系

评价体系既是中国城市化导向“文明发展”的标准，也是城市“文明发展”水平测定的标准，同时也是促进城市社会文明发展的制度设计、制度安排、制度构建。

当前，中国在推进城市文明化建设中采用的最全面、最综合的评价指标体系，是集合了中央文明办、中央综治委、公安部、住建部等40个部委办指标的《全国文明城市测评体系》（以下简称《测评体系》）。《测评体系》是以促进城市“文明发展”为导向的评价体系，是结合中国城市化发展的现实国情研制出的评价体系，《测评体系》通过对城市“软件”和“硬件”、“设施”与“管理”、“人”与“活动”、“规范”与“引导”、“教育”与“发展”等380多条测评指标的测评，全面系统地凸显一个城市的形态文明、功能文明、素质文明，并使城市形态、功能和素质文明协调发展，成为衡量可持续城市化制度安排绩效的坐标。

综上所述，当前中国特色城市化是以“文明发展”为导向，以城市形态、素质和功能文明的系统建设为目标，在《全国城市文明测评体系》等评价机制的引导下，不断促进城市政治、经济、文化、社会、生态全面发展过程中，实现文明和谐、可持续的新型城市化。

二、杨浦“文明发展”的中国特色

（一）主导力量的中国特色：党建机制的引领

在新中国成立70年和改革开放40年的进程中，中国的迅速崛起吸引了全世界的目光，对于中国如何在成功地实现经济转型的同时，还能保持社会秩序的基本稳定，关注和破解“中国成功之谜”是国际许多学者和专家研究的热点。西方的中国问题研究专家得出的一个典型答案就是：中国推行了以市场经济为导向的经济改革，却保持了基本政治体制的不变。① 中国的官方答案是中国共产党的领导是中国特色社会主义社会建设的最大特色，是在实现经济转型的同时又保障社会稳定的关键因素，党建机制的引领也成为中国社会“文明发展”的有力保障。

“文明发展”彰显着中国社会发展的特色。杨浦区位于中国改革开放前沿，中国特色的党建引领机制也成为杨浦区“文明发展”的最大特色。杨浦区“文明发展”始终坚持党建引领，党建机制贯穿于城区“文明发展”的各个领域，涌现出一批鲜活的具有中国特色的案例，如：2019年全国城市基层党建工作理论研讨会的现场参观点——滨江党建服务站；作为区级优秀党员示范岗的长阳创谷党建工作站，2018年接待全国各地参观访问团900余批。以智能化党建助推社区文化建设方面有：运用“互联网+党建”的工作思维，借助各方资源，建设云端书吧；为白领提供丰富的精神文化生活的大桥街道党工委等。这些工作形成了杨浦区自身的“文明发展”特色。

（二）“文明发展”取向的中国特色：人的文化价值取向

城市发展要尊重人的需求和满足，要以“民生幸福”作为城市治理的根本目标。中国特色的城市文明发展模式应是以“民生幸福”为基石的人的

---

① Avery Goldstein. The Political Logicol Economic Reform in China by Susan Shirk. American Political Science Review，1994，88（3），pp.790－791.

文化城市发展。杨浦区的“文明发展”始终围绕着“以人为本”的价值取向展开，以促进“人的全面发展”为目标，在实践中采取各种措施来满足居民的需求，为居民的“民生幸福”提供有力保障。

一是不断强化对四类人群的服务，特别是关注未成年人的成长。未成年人和大学生是国家的希望，是家庭的未来，无论在国家层面还是在家庭层面，未成年人和大学生都是被关注的重点，未成年人的健康成长是居民家庭幸福的根基。杨浦区借助地域高校密集的特点，围绕未成年人和青年人才的培育与大中小学校联合不断开展各种关爱和培育人才成长的活动，逐步形成了街校联动的特色人才培育机制。二是打造民政服务品牌，不断提升民政人性化服务质量。民政部门是政府主管社会行政事务的职能部门，履行着“上为政府分忧，下为群众解愁”的重要职能。民政工作的好坏直接影响“民生幸福”的实现程度，是“以人为本”发展取向体现最集中的领域。杨浦区民政部门着眼于现代民政“十三五”规划的新发展，着眼于人民群众在新形势下的新期盼，在现有救助、养老、婚姻登记等行业开展品牌创建的基础上，加大社区、社工、老龄、慈善、军休、志愿服务等领域的创建力度，逐步形成了“幸福驿站”“五心工作法”“和你在一起”“扶苗救助”“银发课堂”等服务品牌。二是运用高科技，开启公共服务供给的便捷模式。公共服务的便捷化和均等化供给，是城市素质文明发展的重要标志。杨浦区从居民获得公共服务的便捷性出发，通过引进社会组织提供专业服务的基础上，以项目路演方式，探索社会组织与公共服务需求方的对接新途径，把优化营商环境延伸到公益领域。推出“e 睦邻”3.0 升级版，开启了受理中心“网上办事”的新模式，实现政府 11 个职能部门 169 项社区事务全覆盖，“网上办事做加法、居民跑腿做减法、服务效能做乘法、操作程序做除法”的“e 睦邻”模式，让居民最大程度享受“只进一扇门”的便捷公共服务。四是培育社会组织，强化对居民需求的反应机制。活跃于社区的社会组织，对居民需求的反应敏锐，基层社会组织的培育不仅能强化对居民需求的反应机制，且能激发社会基层活力,推进国家社会治理能力走向现代化。杨浦区通过“公益创投”项目的开展,加大了社会组织培育力度,形成了社会组织发育的良好态势,社会组织不仅在数量上持续增长,同时,在社会治理体系和治理能力现代化的进程中也发挥出了越来越重要的主体作用,成为创新社会治理加强基层建设的重要依靠力量。

(三)“文明发展”内容的中国特色:“五位一体”和谐发展

1. 规划引领、政策支持和资金引导的文明发展路径

“文明发展”模式的文明性,体现于内容的进步。中国特色的城市发展是在中国特色社会主义理论的指引下的发展,党的十七大提出中国的治理现代化包含了五个文明的建设,作为中国国家治理实践平台的城市治理自然将五个文明的和谐发展作为治理的主要内容。杨浦区的“文明发展”体现了“五位一体”全面发展的中国特色。

在城市形态文明方面,杨浦区形成了规划引领、政策支持和资金引导的文明发展路径。以政策保障生态环境维护,以资金引导生态文明建设。在生态环境建设方面,2016 年为保护环境、节约能源,杨浦区制定了《杨浦区生态文明建设“十三五”规划》,为进一步加大对节能减排、低碳发展和生态环境建设的支持力度,又推出《杨浦区生态文明建设专项资金管理办法》来完善规范生态文明建设专项资金的管理和使用,以鼓励对本区生态文明建设工作有积极贡献的项目建设。

2. 以政策引导城市产业结构调整的文明发展路径

在城市功能文明建设方面,形成以规划引领发展方向,以政策引导城市产业结构调整的文明发展路径。作为上海的老城区,杨浦区城市功能文明体现在两个方面:城市的产业现代化升级,对城市整体生活环境的改善。杨浦区制定了《杨浦区促进产业发展的若干政策意见》,形成“1+6+4”政策框架。通过优先发展以软件和信息服务业为主导的高新技术产业,以及培

育发展战略性新兴产业的产业发展规划和政策引导,杨浦区实现了现代化产业升级,不仅保证了城区经济发展水平,而且形成了环境整洁、秩序优良的城市功能文明形态。当前杨浦区的上海市大数据创新基地已聚集了大量云计算和大数据企业,信息产业发展迅速,效果显著。随着“智慧杨浦”建设的推进,信息产业的发展也为杨浦区居民生活带来了各种便利,高新技术在城市公共服务供给中的运用,使城市有机体的运行更为智能化,城市公共服务硬件设施的改善、生活的便捷和多样化提升了城市居民的生活水平,凸显了作为城市主要功能之一的居住功能文明化。

3. 以标准化、规范化提升服务素质,以志愿者活动提升市民素质

一是对公共服务窗口单位进行规范化管理。杨浦区要求各窗口单位均实行服务内容、工作要求上墙,推进办事公开透明。规范窗口人员管理,挂牌上岗,亮明身份、亮明承诺、亮明职责,主动接受群众监督。二是制定公共服务窗口标准化工作流程。如江湾军休中心制定了窗口标准化工作流程,创建了军休干部信息管理系统,实行了全体工作人员轮岗制,做到工作步骤标准化、信息共享高效化、操作流程透明化。三是以志愿活动和公益活动的开展提升市民素质。杨浦区通过设立“交通志愿岗”、组建“春兰地铁志愿者”等活动,围绕“文明行路、文明驾驶、文明载客、文明停车、文明乘车”五大行动以及“行车不抛物”等内容,开展主题鲜明的文明交通宣传系列活动和志愿服务活动,并组建“马路天使”交通文明志愿者队伍、“江浦大叔”文明行为巡查,引导市民养成公共行为文明习惯;通过对文明养宠物、“社区绿色储蓄所”、“绿行者”等志愿服务项目的开展提升市民的公共意识。

三、 中国特色城市发展的示范

杨浦区的“文明发展”积累起多方面行之有效的经验,鲜活的案例都是伴随着城区经济社会的发展,在不断探索将社会主义建设理论运用于中国社会现代化发展的实践基础上取得的成果,为中国特色城市的发展带来良好的示范。主要体现在三个方面：

（一）“文明校园联盟”，提升市民综合素质

杨浦区是上海高校最集中的区之一，在创建“国家创新型试点城区”和全国文明城区中，坚持走“三区融合、联动发展”的道路，提出创建“文明校园联盟”，充分利用学校的资源，在功能文明建设和素质文明建设方面取得了良好的建设成效和社会反响，积累了一些可复制、可推广的创建经验。

1. 整合优势资源，打造“文明校园联盟”

四平路街道在全区首创“文明校园联盟”。顺应联盟各学校的需求，牵头成立“文明校园”创建联盟，旨在充分利用学校的资源，突破以往各自为营的封闭式模式，构建一条体系完整、开放共享、渐次递进的创建链条。“文明校园联盟”得到区领导充分认可并很快在全区得到推广。

四平路社区所在的环同济知识经济圈是杨浦“三区一基地”建设的重要功能区，辖区内优质教育资源集聚，有同济大学、杨浦高级中学、打虎山路第一小学、上海师范第二学校附属小学、本溪路幼儿园等一批覆盖各教育阶段的知名学校，而它们各自也成功创建为区级、市级、国家级文明校园，具有丰富、特色鲜明的文明校园创建经验。联盟单位将共同开展形式多样、内涵丰富的联盟活动：组建“文明校园创建示范微信群”，形成线上线下活动，学校之间互动，家庭、校园、社区“三位一体”联动的文明校园创建格局；不断丰富文明校园的创建内涵，重点在培育和践行社会主义核心价值观、加强青少年思想道德建设方面共同合作探索。此外，街道也将与学校共同开展校园周边环境整治，营造良好的校园环境，形成长效常态机制。

2. 通过“1+X”创业孵化联盟，共建“文明校园联盟”

在“大众创业、万众创新”的大潮下，随着杨浦创新转型发展不断深入，校区、园区、社区创新创业活力涌动，催生了大量新产业、新业态、新技术和新模式。杨浦区关注在校大学生的成长，积极创造条件，建立“1+X”创业孵

化联盟，为大学生成才和创业创造条件。

早在 2014 年，杨浦区为争创国家创新型试点城区，发挥社区创业园在整个创业孵化服务链中的重要作用，联合杨浦科技创业中心共同推进园区、校区、社区“三区融合、联动发展”，将大学生创业示范园专业的整套创业孵化体系及管理体系向社区辐射，推出“1+X”管理模式，累计投入资金 3 亿元。为了更好地推进 1+X 管理模式深化发展，杨浦区成立社区“1+X”创业孵化联盟，指导并督促落实各项工作，健全管理协调机制，建立资源整合对接机制：其中包括建立统一信息宣传平台，进行 1+X 内部信息统一管理，实现创业活动对接，开展创业宣传联动，实现高校创业项目对接，并积极开展营运维护咨询师培训等工作。目前，已建成上海杨浦区中国（上海）创业者公共实训基地、大学生创业示范园，在各街镇都建有创业孵化载体，建立起独具杨浦品牌特色的创业服务模式，这标志着杨浦区创建国家创新型试点城区又翻开崭新的一页，进一步促进了中国经济结构优化，以及社区长期、健康、稳定的发展。

3. 以“街校联动机制”，巩固“文明校园联盟”①

杨浦区着眼发挥区域高校科教人才资源丰富的禀赋优势，以“街校联动机制”，整合资源、对接需求、设计项目为主要手段，强力推动高校思政、人文进社区、进园区，拥抱新经济、新家园。

杨浦区曾荣获第四届全国未成年人思想道德建设工作先进单位，为巩固建设成果，深入推进社区文明、校园文明的创建工作，杨浦区整合社区大中小学校资源，助力社区未成年人思想道德建设，先后开展了初级救护员培训、航空公益科普亲子等活动。同时利用区级资源，进行“街校联动机制”配送——智慧钢琴、手机摄影等课程获得市民和大学生的追捧，其中五角场街道“街校联动实践育人”微视频喜获上海市 100 家“改革开放 40 周

---

① 《“文明校园”创建进入开放共享模式》，《杨浦时报》2017 年 6 月 5 日。

年——上海思想政治工作创新品牌”。

五角场街道党工委与复旦大学坚持资源共享,让复旦学子和社区群众双双受益。2018 年 7 月,“复旦—五角场大学生社会实践创新基地”正式成立,为复旦大学实践育人提供了载体。目前已推出“青年职业指导师”“社区健康行”等 5 个项目,曾先后有 13 名复旦学子完成暑期街道机关挂职锻炼。此外,街道围绕五角场公益社区建设,搭建“一支部、一公益”等平台,复旦大学有“满天星”等 10 余家服务社活跃在五角场各社区,开展各类公益项目和活动 20 余个,成为社区公益的重要力量,为社区群众传播公益文化、倡导志愿精神,弘扬社会主义核心价值观等发挥了重要作用。

(二) 创建“智慧城市”,提升城市核心竞争力

智慧城市建设包括智慧社区、智慧城管、智慧商圈、智慧园区、智慧政务、智慧楼宇、智慧交通等多方面内容。杨浦区作为上海的中心城区,在上海具有重要地位:上海四大城市副中心之一、十大商业中心之一的江湾五角场、上海第三代国际社区新江湾城、环同济知识经济圈、世界 500 强汇集地大连路总部研发集聚区、高等学府集聚区等,杨浦区的智慧城市建设,在充分利用杨浦独有的资源禀赋基础上,以互联网、大数据、云计算为代表,围绕“智慧杨浦”建设实施的指导思想,以“统一规划、集中管控、共建共享、业务协同”为原则,构建包括应用与发展层、平台与技术层、网络与感知层的“智慧城市”目标体系架构,形成具有鲜明杨浦特色的智慧城市建设品牌。

1. 做好顶层设计,坚持规划先行

杨浦智慧城市建设顶层设计内含的发展目标为:通过提升信息化应用水平和效益、提升城市信息基础设施服务能级、提升新一代信息技术产业创新发展能力和网络安全综合保障能力,实现杨浦区产业结构转型升级、城市运行精细高效以及城市宜居和公众生活文明,推动智慧杨浦、精致杨浦、幸福杨浦的建设。

规划先行是城市治理有序推进的保障，合理的顶层设计能协调各责任主体行动，在明确的目标指引下达成智慧城市建设系统同步推进，不断提升城市功能文明水平。杨浦的智慧城市顶层设计强调了三个层面的建设：应用与发展层是目标层面，是“智慧杨浦”建设成效的最终体现；平台与技术层是核心层面，是“智慧杨浦”集约建设、共建共享的关键环节；网络与感知层是支撑层面，是“智慧杨浦”业务运行、信息交互和信息采集的坚实基础。①

2. 细分建设领域，明确建设目标

智慧杨浦建设的目标分为两个层次的不同目标，以此推动助力产业结构转型升级，推动智慧杨浦建设。提出借助智慧城市建设，深入推进杨浦“两化融合”，助力杨浦将“复旦创新走廊”和“大创智（Great KIC）”打造成为上海科技创新中心的核心承载区及“中央智力区”的目标建设，提升“杨浦创新型试点城区”产业发展能级和信息化支撑水平，不断催生智慧产业，促进杨浦创新型经济的发展。

一是精致杨浦建设目标：强化城市运行安全高效，推动精致杨浦建设。为规范和推动智慧城市的健康发展，构筑创新2.0时代的城市新形态，杨浦区加强“精致杨浦”专题建设部署，实现“创新型城区”与“智慧城区”的有效融合。强化城市运行精细高效要着力于优化杨浦区城市基础设施，通过对城市基础设施的全面感知、精细管控与协同调度，优化资源配置，重点完善电力、水利和信息通信等基础设施的智能管理建设，进一步完善交通、城管网络等基础设施，提升城市基础设施的运行效率。二是幸福杨浦建设目标：提升城市宜居和公众生活文明，推动幸福杨浦建设。全面推进大数据、互联网、云计算、移动互联网在民生领域的应用，截至2018年底，杨浦区所有社区居民都能够享受到信息化为市民提供的便捷生活与贴心服务。以智慧社区、交通、健康、教育、养老、文化、旅游、就业、气象等为主要内容的“社区服务云”平台搭建完成。

---

① 《关于印发杨浦区“智慧城市”建设三年行动计划（2015—2017）的通知》，http：//www.shyp.gov.cn/zwgk/Home/Info？id=9c4b0858-ab30-4249-9e87-83f56faa6957。

3. 分解目标任务，落实建设责任

创新服务模式、深化智慧应用、提高运行效率，政府搭台、企业与市场为主导形成合力，针对各个街道特点量身定制具有杨浦特色的智慧生活。在推动“智慧杨浦”建设进程中，杨浦区将智慧城市建设任务分解为：建设综合云平台、城市综合管理信息化、环境保护信息化、市容绿化管理信息化、公共安全信息化等 28 项重点任务。

杨浦区通过采取 5 个行动步骤，将 28 项任务分解落实到不同的责任部门。一是提升服务水平，打造精细规范的智慧城管。在充分运用现有信息化技术的基础上，融入现代的物联网技术，通过资源整合、手段创新、功能拓展等途径来实现城市管理的精细化、敏捷化、智慧化，建立健全智慧城管应用体系，进而弥补城市管理中的信息盲区与管理盲点，实现杨浦区内的信息共享、工作互动、无缝对接，促进城市管理工作由被动向主动、静态向动态、粗放向精细、无序向规范的转变。二是优化电子政务，建设一体化智慧政务。杨浦区智慧政务建设在整合各部门、各区域网站资源的基础上，以一体化的政务信息资源开发利用为核心，以云计算、大数据等信息技术为手段，通过感知、整合、分析及智能化响应等方式，实现政府资源整合、流程优化和业务协同，提升政府管理、公共服务的水平和效率。三是立足民生服务，打造便捷贴心的智慧生活。以提升市民的生活质量与幸福指数为根本宗旨，全面推进信息化在民生领域的服务水平。四是创新经济发展，建设集约高效的智慧产业。加快培育发展“四新”为战略重点，全力推动杨浦区信息化与工业化的深度融合，催生一批具有杨浦特色的创新型产业。五是推动示范先导，打造智慧杨浦新标杆。围绕智慧社区、智慧商圈、智慧园区建设，全面推进杨浦区智慧城市建设创新试点和应用示范。

4. 完善政策法规，提升支持力度

智慧城市是一项系统的长期的工作，建设智慧城市需要多方协调，共同合作。目前智慧城市建设还存在一些亟待解决的问题，主要表现在：政府

部门间协作力度不足，对于“智慧”相关产业的支持力度有待加强；各类资源分散且存在开放壁垒，缺乏统一的管理规划；行业后进入者的潜力未被充分挖掘，还需要加大政策层面扶持等多方面。

为提升智慧城市建设支持力度，创新信息化经济发展方式，助推产业转型升级，促进产业高端化、集约化、服务化为发展目标，以广泛应用信息技术，杨浦区完善了智慧城市政策体系，为引导社会资源投入智慧城市建设创造了良好政策环境。一是设立智慧城市建设专项扶持资金。着力发挥智慧城市相关资金的引导扶持作用，重点保障基础设施建设、智慧城市重大应用试点项目建设。二是着力发挥各部门专项经费的支撑保障作用，深入拓展各部门的智慧应用系统建设。三是进一步细化制定一批具体的扶持政策，在信息资源共享、智慧城市项目建设、产业发展等各方面加强政策保障。四是建立智慧城市建设政策扶持和评估考核机制，确保智慧城市建设目标得到落实。

第十二章

以“睦邻家园”促进杨浦“文明发展”

2015年，为贯彻落实市委创新社会治理，加强基层建设“1+6文件”精神要求，杨浦区委决定全面开展睦邻中心建设。睦邻中心发端于延吉新村街道，被国家民政部评为“2014年中国社区治理十大成果”。全面开展的睦邻中心建设，极大地推动了社区公共服务体系的完善与公共活动空间的拓展，打造了公共服务平台、公共交往平台、三社联动平台以及社区治理平台，开创出一条有杨浦特点的现代化城区的基层社会治理之路。同时，区委把睦邻家园建设列为一号调研课题，要求深入研究睦邻家园建设的治理意义和建设路径，在行动上在睦邻中心建设基础上提升到睦邻家园建设，以睦邻家园建设为新的支点，推动杨浦区社会治理和社区治理在形态、空间、文化、机制等多重层面的突破，努力将中国传统社会中的睦邻文化、睦邻氛围、睦邻精神和现代社会的多元治理理念、治理思维和治理方式贯通到现代城市的社会治理结构之中，形成具有中国特色、彰显中国文化自信的社会治理体系、社区治理体系和社区文化引领体系，向世界展示中国社区精神的魅力。睦邻家园建设预示着杨浦区社会治理和社区治理进入了“文化拐点”与“治理拐点”。

一、杨浦区创新社会治理、加强基层建设的主要成效

社区建设要与邻为善、以邻为伴。杨浦区为深入贯彻落实习近平总书

记2018年11月7日到上海考察了解城市精细化治理时关于“一流城市要有一流治理”的要求，注重在科学化、精细化、智能化上下功夫，既充分运用好人工智能、物联网、大数据等现代科技手段实现智能化，又通过绣花般的细心、耐心、巧心提高精细化水平，绣出杨浦城区管理的品质品牌。坚持在细微处下功夫，把更多资源、服务、管理下沉基层、做实基层，进一步调动社区居民的积极性和主动性，创新打造杨浦睦邻中心升级版，打造杨浦睦邻家园品牌。

经过近十年的创新探索，杨浦区委、区政府和杨浦人民，通过撬动社会参与，提升政社合作治理能力，走出了一条全领域、全局性、成体系、成规模的“睦邻家园”建设新路，形成共建共治共享的基层治理格局。

（一） 创建睦邻家园“三阶段”

杨浦区是上海国有大型企业的集聚地之一，也是上海高校最集中的区之一。改革开放40年来，杨浦区已成为上海后发优势最强劲的区，有享誉国内外的“三区一基地”（即国家创新型城区、上海科创中心重要承载区、高品质国际中心城区和国家双创示范基地）。经过近十年的创新探索，杨浦区人民通过撬动社会参与，提升政社合作治理能力，走出了一条全领域、全局性、成体系、成规模的“睦邻家园”建设新路，形成共建共治共享的基层治理格局。杨浦“睦邻家园”建设从时间的年份上划分经历了三个主要阶段：

1. 2010—2015年

基层社区文明程度的高低直接决定了一个城区的文明水平。随着转型发展，以行政化方式供给的社区基础服务已无法满足居民对更高品质生活的需求，但社区治理新格局并不是一蹴而就的。杨浦区自从2010年在延吉新村街道成立了全国第一家社区睦邻中心后，很快就在全区推动睦邻中心建设，促进了邻里守望公共精神、社区生活“共同体”的构建，激发了基层创新治理的活力。社区居民是中华民族文化自信的最为鲜活的、有生命力的创造者、传承者与展示者，社区文化是中华民族文化自信的最为基层的组成部分。睦邻社区的精髓就体现了中国优秀传统文化在现代社区中的传承，中华民族文化基因在现代社区中的发掘，中华民族文化自信在现代社区中的确立。

在弘扬中华优秀传统睦邻文化的同时，杨浦区还通过举办睦邻节、创作睦邻歌、编写睦邻志、编演睦邻剧等，打造睦邻文化新形态，构建新型睦邻关系，培育新居住方式、新生活方式下的睦邻精神，建设有温度、有活力的睦邻家园。除了各街镇、居委会平时组织的趣味运动会以及养护绿植、文明养宠物等日常睦邻活动，有的街道（镇）还利用端午小长假，升级了“睦邻文化节”，活动从 5 月 28 日至 30 日持续 3 天，包括文化演出、文化体验、民俗展示、亲子互动、惠民福利等多种内容，3 天的睦邻“狂欢”既弘扬了中华优秀传统文化，又有利于培育新时代睦邻精神。延吉新村街道被国家民政部授予“2014 年度中国社区治理十大创新成果”，社区睦邻中心遍布全区 60 平方公里，成为“居民家门口的百姓会所”。

2. 2016—2018 年

2018 年上半年，睦邻家园建设在取得经验的基础上，杨浦区制定印发了《关于本区深化睦邻家园建设的实施意见》，明确了杨浦睦邻家园建设到 2020 年的总体目标，即从 2018 年起，以街道（镇）为单位，每年分别打造 20%以上的“基础型”和 5%以上的“示范型”睦邻楼组（楼宇）、睦邻小区（园区）、睦邻社区、睦邻街区，并明确了党建化引领、打造睦邻空间、弘扬睦邻文化和加强队伍建设四个方面工作任务。同时，出台《2018 年睦邻家园建设标准》，该建设标准结合睦邻家园建设的 5 个层次，确定了“基础型”和“示范型”两个标准体系的具体建设内容。

杨浦区社会治理的重要使命就是巩固睦邻家园的服务内涵。“睦邻家园”建设主要以优化社区公共空间、弘扬睦邻精神、培育睦邻达人、构建睦邻体系为主要内容，实现杨浦洁美宜居、服务便捷、守望相助、文明与共的居民生活共同体。开展睦邻家园文化建设是提高居民文明程度的重要方式，对全国文明城区的创建具有十分重要的意义。杨浦区将睦邻理念和机制延伸至睦邻楼组、睦邻小区，全区已建成孝敬楼组、学习楼组、绿色楼组等100多个特色睦邻楼组，居民自治项目在305个居委会全面开展。

3. 2019年至今

“睦邻家园”建设的范围扩大到了睦邻街区和睦邻楼宇园区，最终形成全面的“睦邻家园”建设整体框架，更大范围地调动社会参与，更大可能地形成多元共治格局。2019年3月24日，杨浦区召开文明委（扩大）会议暨创建全国文明城区奋战100天动员大会以来，全区上下围绕“同创文明城区、共创睦邻家园，奋战100天”的总目标。各涉及创建单位严格按照《“蒲公英”——杨浦区创建全国文明城区100天攻坚行动方案》及项目分解表的要求，结合创全工作指标，认真对标，全力以赴向着成功创建全国文明城区目标冲刺。其中睦邻家园是杨浦向上海乃至全国展示创新社会治理、加强基层建设的重要标识和品牌，开展睦邻家园行动将会持续提高居民满意度和获得感，营造健康向上的社会风气，助力全国文明城区创建活动。

目前，杨浦区睦邻自治理事会成员单位已有45个，这些成员单位来自基层第一线，睦邻党建、睦邻景观、睦邻文化、睦邻达人、睦邻团队、睦邻机制……在打造有温度的社区之余，杨浦区在实践中不断丰富“睦邻家园”建设的内涵。在运作方式上，更注重融合社区不同群体、培育社区骨干、促进社区居民自治，重点推进小区每栋楼微整治、公共空间微改造、老旧景观微更新的“三微治理”。社区群众在探索楼组治理、协商治理、情感治理的过程中，逐渐从“内部互助型”团队向“服务社区型”团队转变，形成自治、共治、礼治、法治融为一体的生活共同体，居民互助、团结、友爱等邻里公共精神得到显著提升，参与社区治理的主动性、积极性得到进一步激发，解决了一大批老百姓“急难愁”问题。现在，几乎每个睦邻中心都已建立起了自己的志愿者队伍和活动团队，成为推进杨浦睦邻家园建设的重要力量。同时，围绕助力杨浦“三区一基地”建设，在长阳创谷、湾谷科技园、大连路总部集聚区等重点区域、重点园区建立了21个党建工作指导服务站，通过党建联建，促进了条块服务资源的有效整合。

睦邻中心作为“居民家门口的会所”，总体布局按照每平方公里1个，全区建设60个睦邻中心，实现居民步行15分钟有一睦邻中心，中心服务项目不少于10个。截至2019年6月底，已建成投入运行的睦邻中心(点)54个，年底有望建成运行58个，中心正在实施的各类项目近400项。睦邻中心建设作为撬动杨浦创新社会治理加强基层建设的支点，并非简单地提供一个建筑物，简单地增加服务居民群众的平台，而是将政府力量、社会组织力量、居民群众力量、市场力量等多元主体有机地联合起来，功能互补，优势互赢，以此平台促进多元互动，广泛参与，把社区人再组织化，修补和再造基层社会关系，在实践中摸索和形成杨浦基层社会治理的新格局。

(二)　以睦邻中心建设为载体的杨浦社会治理

目前，杨浦区已打造成示范型睦邻中心60个，开辟共享楼道公共空间，建成睦邻楼组100个，建立睦邻自治理事会45个，初步形成了社会治理“共建共治共享”新格局，和谐有序、绿色文明、创新包容、共建共享的睦邻理念深植社区治理的每个神经元，为进一步建设多维度、多层次、多领域、多方位的睦邻家园打下了坚实基础。

1. 以开辟社区公共空间为平台，促进邻里守望的公共精神建构

目前，全区睦邻中心面积达到4万多平方米，各街镇因地制宜建设了一批睦邻茶室、睦邻广场、睦邻小道等有形载体，为社区治理开辟了新的公共空间。定海、大桥老城区深入挖掘载体资源，为居民提供了可以聚集、交谈、信息交换的集散平台，促进陌生人向熟人转变，成为构建和谐人际关系的重要支撑。据同济大学评估机构的调查测量，在睦邻中心活动的居民中94%的居民结识了新的朋友，其中有43%的居民结识朋友人数超过16人。睦邻

中心强化了居民之间的接触，成为大都市基层社会生活的“发生器”。居民的社区意识逐步从自我的小圈子中走出，社区公共活动的开展也具有从自娱自乐型逐步向自我管理型的功能转变。频繁的交往互动提升了公共精神的互助、团结、友爱等品质，最终体现出更多的邻里关怀和社会关怀，社区邻里守望的公共精神不断成长。

2. 以社会组织为主体进行运营，改善政府与社会的资源配置方式

全区现有延泽、新图、屋里厢等23家社会组织承接睦邻中心的日常管理、服务等运行，有50多家社会组织在睦邻中心开展类型多样的公益项目。各中心定期开展居民需求调研，根据社区居民现实需求和潜在需求设置服务项目，为各类人群提供丰富多彩的、有社区特色的服务。以助残助老、科普讲座、志愿服务、培训教育、交友谈心、党员活动、便民服务等为代表的各项基础服务正趋于完善，以亲子活动、特定假日活动、就业创业等为代表的因地制宜特色服务不断涌现。控江睦邻中心不仅引入社会组织，还引入了东方网等市场化力量介入。社会化的运作模式，使街道由原来公共服务的提供者，变为政策制定者、购买者和监督者，更多的是“掌舵”，在发现和界定居民需求、服务项目确定、过程监督和效果评估等方面，充分发挥社会机制的“划桨”作用，进一步改善社会治理的资源配置方式。通过政府购买服务，让渡出一部分空间给社会组织，吸纳了更多的社会资源，从源头上来理顺政府与社会的权力支配关系，也减轻了政府大包大揽的重负。

3. 以居民自治为抓手，打通社区自治机制的制度化路径

大力推动居民自治项目化，评选年度“十佳自治项目”，四平、平凉、长白、江浦等居民自治项目解决了一大批如小区停车难、小区电梯更换、宠物扰民等难点问题，进一步解放和增强了社区活力。睦邻中心实施自治管理，定期召开议事会，听民意、摸实情，议事会有居民区书记、居民区志愿服务工作站站长、志愿者骨干和企事业单位代表参加。组建由居民参与的“顾问委员会”“自治理事会”，拓宽了社区居民利益诉求与服务需求的表达路径，融入更多的柔性管理内涵,促进居民群众主动参与各类公益活动、理性管理社区公共事务,形成良性社区自治循环体系。在项目和活动开展过程中,社会组织指导社区居民开展自治,通过公共议题提炼出自治项目,以解决问题为导向,求同存异,在反复协商中学会理性妥协,学会“可操作的民主”,培育居民公民意识和自治精神,增进了居民的参与性、协商性,畅通自下而上的互动渠道,充分发挥居民在加强和创新社会治理中的主体作用。

4. 以社区达人、自治团队培育为重点,推动人民为主体的社会治理

各街镇大力培育和扶持“自治达人”,发挥社区达人、自治团队在社区治理中的主导作用,激发居民参与睦邻家园建设的积极性与主动性。如殷行街道连续数年开展“社区达人”评比表彰活动,涌现出了一批为社区建设发挥“自治管家”的“达人”和团队。通过加大培养、加强联系、提供服务支持等多种方式,培育、团结、凝聚了一批“草根领袖”,他们有的是退休公务员、企事业单位的领导,有较强的组织能力、协调管理能力和群众工作能力,如新江湾城街道东森涵碧“老娘舅帮帮团”依托退休法官,建立法律咨询服务,在小区矛盾调处中起到了很好的作用。近年来,涌现出一批如五角场街道的葛海英法律咨询室、胡阿姨联络站,五角场镇的老沈服务热线等志愿团队,开展社区管理、居民服务等各类活动,提升居民自我管理、自我服务、自我教育的质量和效果。社区达人、自治团队是社区中最为重要的行动者,他们日益成为党委领导、政府主导、社会自我调节和居民自治之间良性互动的连接点和中介点,也日益成为基层社会居民群众再组织化、再团结起来、再整合起来的集体化的“人民主体”。

5. 以体制机制改革为导向,促进资源下沉、条块联动、服务基层

大力推动条块关系的改革,探索建立“区属、街管、街用”“区属、共管、共用”等新型条块关系,建立条块联席工作会议制度,建立居委会约请制度,推动职能部门要做到一切围绕基层想、一切围绕基层干、一切围绕基层转。睦邻中心建设不仅有效聚集了民政局、体育局、文化局、妇联、工会、共青团、残联等部门的力量，还整合了社会上高校、企业的资源，激发了各领域志愿者服务社区的热情，有力地推动了街镇众多科室、居委会、居民区党组织等力量、资源的快速整合。睦邻中心也成为各类社区志愿服务固定的阵地，为广大志愿者提供一个发现志愿服务项目、加入志愿服务队伍、开展志愿服务活动的平台，促进了政府“自上而下”的管理责任与社区居民“自下而上”的权益诉求在基层社区的有效衔接。

综上所述，杨浦区的社会治理，不仅体现了政府与社会之间新的资源配置关系，还扩展了社区自治空间，重塑了街—居之间的权力关系。“睦邻中心”的建立使得原来架构于政府与居民之间“单向”的桥梁，向政府、社会组织、社区、居民等多主体的“立交式”桥梁转变，实现了基层社会治理中的“中间突破”。

（三） 创建睦邻家园的主要经验

自20世纪90年代以来，杨浦区秉承社区、校区、园区“三区联动”核心理念，一张蓝图干到底，实现了从“工业杨浦”到“知识杨浦”，再到“创新杨浦”的成功跨越。2009年，第一家集服务性、活动性、交往性、治理性于一体的社区“睦邻中心”在延吉街道建成；2014年，杨浦区被国家民政部命名为“全国社区治理和服务创新实验区”；2015年，杨浦区“社区睦邻中心建设”被评为“2014年度中国社区治理十大创新成果”、上海市委“一号课题”典型案例；2017年，杨浦区着力打造“睦邻家园”社区治理品牌；2018年，“睦邻家园”实践案例被评为“长三角城市治理最佳实践案例奖”……

1. 坚持党的领导，发挥好头雁效应

睦邻家园创建要加强组织领导，始终坚持党政“一把手”亲自抓、负总责。注重发挥好领导的“头雁效应”，带头深入基层，亲自调研督导、亲自听取情况汇报、亲自协调解决问题，形成“一级带着一级干，一级做给一级看”的良好工作氛围。多年来，杨浦区在培育和支持社区社会组织发展中建立起“三驾马车”支撑体系。具体而言，社区社会组织联合会旨在加强党建引

领,以区域化大党建融合社区资源,凝聚和服务社会组织的发展;社区基金会则扮演着“蓄水池”的角色,形成多元主体和社区资源的融合体;各街道的社会组织服务中心作为社会组织的“勤务员”,专为初创期社会组织提供培育发展的土壤。“三驾马车”形成聚合效应,共同支持杨浦区社会组织参与社区治理。

“睦邻家园”建设更加注重跨界联动、多域融合、多元共治。杨浦区各级党组织“穿针引线”,在“睦邻家园”建设的不同层面充当跨界融合的重要角色,让群众找到党组织,看到带头人,让党组织找到群众,回应群众需要。大桥街道党工委通过园区党建,将睦邻家园建设辐射到楼院园区内白领人群;江浦路街道社区党建服务中心推出多种活动,为环卫工人送清凉、送温暖;五角场街道党工委与新社会阶层人士紧密互动,在居民楼道里,党员全家福张贴上墙,党员联系方式家喻户晓。可以说将中国本土睦邻文化和现代多元治理以及中国共产党基层组织动员贯穿到社区治理体系中,凝聚成建设杨浦“睦邻家园”的“组合拳”,加之精细化的“绣花功夫”,形成了社会参与新机制,社区治理新格局。“睦邻家园”向世界展示着中国特色和基层治理的无限魅力。

2. 坚持问题导向,找准服务最佳方案

推进睦邻家园建设,始终坚持问题导向、需求导向、效果导向,以全面开展大调研工作为契机,紧密结合全国文明城区创建等工作,紧紧围绕睦邻家园建设的价值导向、目标任务、建设路径、方法手段,广泛听取社会各方意见建议,找准群众最盼最急最忧最怨问题,找出解决问题的最佳路径和服务群众的最佳方案,做强做大杨浦睦邻家园品牌。2018 年 6 月,在杨浦区首创的社会组织年度峰会上,围绕社区党建、睦邻建设、矛盾调处、社区文化、社区微更新、群众参与六个社区治理热点领域,六家公益机构同台路演“过招”,展示创新理念与实践,吸引了来自政府、企业、基金会的“公益风投”,一批富有想象力的公共服务项目被需求方现场认领,取得了良好的效果。

3. 汇聚各方力量,做到“三个始终”

在睦邻家园建设中,注重引导驻区各类社会力量参与睦邻家园做到“三个始终”:一是始终坚持党建引领,引导驻区单位、社会组织、群众团体等各类社会力量积极参与睦邻家园建设;二是始终坚持“三区联动”,充分发挥高校在社会治理方面的重要作用,建立健全社会组织与社区建设、社会工作的联动机制,不断提升睦邻家园建设的专业化、规范化水平;三是始终坚持发挥居民群众的主体作用,鼓励杨浦居民积极投身到睦邻家园建设中来。

4. 加大宣传睦邻家园的新经验新做法

凸显睦邻家园的工作成效,放大睦邻家园的效应,重点是在打造品牌、扩大影响、提升辐射上下功夫,以点带面,着力打造一批集中连片的、示范性强的睦邻小区、睦邻街区和睦邻社区。“排队等候时间长”“表格填写费周折”“办事来回跑数次”成为杨浦区呼声最高的“痛点”。为解决这一难题,杨浦区整合民政、公安、人民社团等 11 个职能部门资源,历时大半年研发“e 睦邻”,推动社区事务网上办理全覆盖,居民办事最多跑一次。该平台于 2018 年 8 月 20 日正式上线,并在杨浦区全面推开,居民可通过一网通办 App“随申办”进入杨浦主页的“e 睦邻”,足不出户就能完成 169 项社区事务在线咨询、资料预审等办理流程。

二、 睦邻家园建设的基本内涵与基本原则

通过睦邻家园建设为实现党领导下的政府治理和社会调节、居民自治良性互动,全面提升城乡社区治理法治化、科学化、精细化水平和组织化程度,促进城乡社区治理体系和现代化治理能力的提高。

(一) 睦邻家园建设的内涵

准确理解睦邻家园的基本内涵,在对睦邻家园的理解上达成共识,是杨

浦区建设睦邻家园的第一步，也是最为关键的一步。

1. 睦邻家园的层次内涵

睦邻家园就是在睦邻中心的基础上对社区和基层治理进行再造之后，形成的多层化的共同体。睦邻家园至少包含着以下 5 个层次：（1）睦邻城区（以杨浦范围内区属、区域多元共治）；（2）睦邻社区（以街道党工委和街道办事处为枢纽形成的共治形态）；（3）睦邻街区（以社区党组织和居委会横向联盟为载体而形成的资源共享形态）；（4）睦邻小区（以居民区为载体形成的新型生活空间和治理空间）；（5）睦邻楼组（以邻里空间为载体的生活共同体）。不同层次塑造了不同的睦邻形态。在楼组和小区中孕育出来的就是“小睦邻”，在街区、园区层次上孕育出来的就是“中睦邻”，在社区、城区层面孕育出来的就是“大睦邻”，无论是大睦邻、中睦邻，还是小睦邻，其最终都指向睦邻社区的成长。

2. 睦邻家园的文化内涵

睦者，目顺也；邻者，近也。在中国文化中，睦就是和睦、友好、亲睦、亲密的意思；邻则是代表了一种居民单位。《周礼》中说：“五家为邻，五邻为里。”睦邻家园是体现中国文化魅力的一种独特的社区生活样态。《中共中央、国务院关于加强和完善城乡社区治理的意见》中提出了“社区文化引领能力”和“社区精神”。培育和践行社会主义核心价值观，大力弘扬中华优秀传统文化，培育心口相传的城乡社区精神，增强居民群众的社区认同感、归属感、责任感和荣誉感。文化内涵是杨浦构建睦邻家园最具特色、最鲜活、最具有社区温度的基础所在。因为睦邻家园的目的之一就是在基层社会形成睦邻文化，以此强化社区文化引领能力，培育内化于心的社区精神。

3. 睦邻家园的治理内涵

睦邻家园不仅仅是一个文化标识，更是一种社会关系形态和社会治理形态。从睦邻中心提升到睦邻家园，就是从单一公共活动空间供给向多层级、立体性、多层面合作体系、共治体系、资源整合体系以及议题化解体系的转变。不能把很多东西冠之以“睦邻”前缀,就代表了睦邻家园的成型。一个茶室之所以成为“睦邻茶室”,乃是因为它成了居民协商议事的空间,甚至成为融合不同身份居民的空间;一个节日之所以成为“睦邻节”,乃是因为它成了融合不同群体、消解各种距离、培育社区精神的文化符号;一条道路之所以成为睦邻大道,乃是汇聚了不同单位和不同组织的规划智慧;一个街区之所以成为“睦邻街区”,乃是它通过街道社代会、区域化党建等机制实现了公共产品的组合式供给。睦邻价值的探索是至关重要的,要把睦邻家园建设成为自治、共治、礼治、法治融为一体的生活共同体。

4. 睦邻家园的政治内涵

睦邻家园的政治内涵就是把党建引领的原则贯通于建设睦邻家园的始终。睦邻家园的层次内涵、文化内涵与治理内涵都要统一于睦邻家园的政治内涵。目前,基层党建基本上是由单位党建、居民区党建、两新组织党建以及园区党建等要素构成的。要通过一种引领性的党建文化,将以上要素连接一起,睦邻党建就成为最为有效的抓手。把加强基层党的建设、巩固党的执政基础作为贯穿社会治理和基层建设的主线,以改革创新精神探索加强基层党的建设、引领社会治理的路径。加强社区服务型党组织建设,着力提升服务能力和水平,更好地服务改革、服务发展、服务民生、服务群众、服务党员。继续推进街道、社区与驻社区单位共建互补,深入拓展区域化党建。扩大城市新兴领域党建工作覆盖,推进商务楼宇、各类园区、商圈市场、网络媒体等的党建覆盖。睦邻党建作为一种理念和关怀,不仅将不同空间的党建联接起来,而且也为区域化党建、基层党建和社区党建注入了价值和灵魂。

(二) 以睦邻家园建设为基础的社会治理基本原则

从睦邻中心建设到睦邻家园建设,这是贯彻落实市委创新社会治理、加强基层建设“1+6 文件”的新探索,是探寻超大城市社会治理特点和规律的重要实践形式。如果说睦邻中心建设标志着杨浦区社会治理的第一次革新，那么，睦邻家园建设就是杨浦区社会治理的第二次革新。睦邻家园建设要坚持四个“有利于”原则：

1. 有利于强基固本

基础不牢，地动山摇。睦邻家园建设作为杨浦区社会治理的重要抓手，是党的工作和群众工作的重要阵地，是加强党的基层组织建设、夯实党的政治基础和社会基础的重要领域。睦邻家园建设是杨浦区巩固党的执政基础、密切党群关系、实现基层有效治理的重要支撑，为深化和丰富杨浦“一线工作法”新内涵提供实践基础。

2. 有利于社会善治

睦邻家园建设是推进社会治理精细化的支点。睦邻家园建设要求不断完善“一核多元”的社会治理模式，党委、政府、公众和社会要各归其位、各担其责，要在党委领导、政府主导作用发挥的同时，激发社会自治自主的活力，实现政府治理、社会协同和居民自治的良性互动，最终达到社会善治。

3. 有利于提升“城市温度”

“城市始终是有温度的”，这是杨浦区睦邻家园建设的根本遵循。现代城市往往被视为单向度的陌生人社会，城市人多数也沉浸在自由孤独的状态，要提升城市温度，必须要缔造社会联结，提高精神密度，这也正是杨浦建设“和睦友好与守望相助”的睦邻家园的始发原点。

4. 有利于增强群众的获得感

睦邻家园建设的成效要体现在增进杨浦人民群众在物质和精神的获得感，共同享有人生出彩的机会。要关注杨浦人的生活质量、需要满足、发展潜能和幸福指数，关注居住与环境，关注人的价值和权益，人与社会的和善、和睦、和谐相处以及人自身的和洽存在，要更加凸显杨浦发展成果由人民共享的理念，不断增强群众的获得感。

三、借鉴国内外“睦邻家园”建设的经验做法

（一）国外“睦邻家园”发展概况

1. 睦邻家园渊源和社区管理发展

睦邻家园建设渊源于欧洲的睦邻运动(Settlement Movement)。最早是作为国家层面的社会改革运动,起源于19世纪后叶的英国,后发展到美国,在20世纪20年代达到高峰。睦邻运动曾大幅影响了欧美近代的社会福利与社会工作的发展,成为今日社会团体工作的先声和社区管理的代名词。欧美的睦邻运动发展到社区管理,其不同的政治、经济和文化背景,与各个国家的具体国情和社会经济发展水平相适应,形成了不同的社区管理理念和不同的社区管理模式。

2. 国外三种社区管理模式的主要特点和经验

当今世界,在众多的社区管理模式中,以美国自治型社区管理模式、日本混合型社区管理模式及新加坡政府主导型社区管理模式最为典型。

表1 国外三种社区治理模式的特点与经验

国别	名称	主 要 特 点
美国	自治型	一是实行民主管理。政府间接干预社区管理，社区管理委员会核心管理。
		二是倡导文化共享，即地域归属与文化共享。居民对迁移到的社区有强烈邻里互助意识和归属感。
		三是社区建设井然有序。社区发展规划时政府强调人与环境的协调发展，强调社区环保意识。
		四是服务意识强烈。公众积极参与社区管理，形成良好的社区服务精神。
		五是志愿者服务。志愿者服务已成为并构成了美国社区文化的最重要的特征。
		六是社会组织发挥巨大作用。社区社会组织是完全非营利目的的组织，负责社区公共福利事业工作。

续表

国别	名称	主 要 特 点
日本	混合型	一是居民参与意识较强，且都有较强的社区荣誉感和归属感，积极参与社区各项活动。
		二是政府的管理是间接性管理，进行监督和指导，并根据社区居民意愿执行。
		三是体现为居民服务意识。 总体规划、资金使用以及机构设置等都体现了以人为本的思想。
		四是政府与社区居民协作管理，充分发挥政府的行政职能，集合居民的力量，共同促进社区良性发展。
新加坡	政府主导型	一是政府直接管理社区。 政府行为和社区管理行为紧密结合。
		二是居民自主参与意识差。 政府主导，自上而下的管理模式。
		三是具有完善的社区管理体系。 社区管理各部门职能分工明确，结构严密。

（二） 以政府为主导的新加坡社区管理

新加坡的社区管理是以政府为主导,其组织体系健全、社区服务内容丰富、民意反映渠道畅通,可以说社区管理作为国家治理的一个重要平台,日益发挥着促进社会和谐、提升社会凝聚力、巩固执政党基础的重要作用。

1. 社区管理的构架

新加坡指导社区管理的机构主要有三个：人民协会、社区发展理事会、市镇理事会。人民协会是全国社区组织总机构,统一管理社区的建设和服务工作。全国又分五个区域设置社区发展理事会,承担推展社区计划、扶持弱势群体、提供老年服务等公共服务职能;社会发展理事会承担了社区福利工作,偏重于公共职能,但其定位是社团组织而非公共机构;市镇理事会共有 16 个,主要功能是控制、管理、维修与改善组屋居住环境。市镇理事会为社团法人，是非政府组织，承担市政物业管理职能。从职能上来区分，人民协会是法定机构，从事社区基层组织管理，为执政党奠定深厚的社会基础。

2. 社区管理的“三驾马车”

为全面推动和组织社区活动，在人民协会下辖三个社区服务组织：公民咨询委员会、民众联络所和居民委员会。公民咨询委员会与选区相对应。新加坡现有 84 个选区，故有 84 个公民咨询委员会，负责把居民的需要和问题反映给政府，并把政府的有关活动安排和政策信息传达给公民咨询委员会，起到了党、政、民之间的桥梁作用；民众联络所代表人民协会行使管理社区民众俱乐部的职权，诸如文化、教育、体育等各种有益的活动，以增进种族和谐与社会团结。目前，新加坡共有 106 个民众联络所；所有的公共组屋区都设有居委会，通常服务 6—10 幢组屋、1 500—2 500 户，其规模与我国的居委会相当，其主要职能是通过组织形式多样化的活动来促进邻里和睦、种族和谐和社会团结。目前，新加坡全国共有社区居民委员会 546 个。从功能上来区分，民众联络所着重组织各种社区活动；居委会则侧重对包括邻里关系在内的居住软环境进行管理。

3. 新加坡社区管理的主要特点

以民为本，提升社区服务效能。新加坡的社区管理人性服务理念贯穿于各个管理领域，其社区服务无时不有，许多服务的针对性、实效性很强，处处体现便民服务。如在新加坡的组屋路段都建有长廊，主要考虑居民遮阳和挡雨，因为新加坡多雨和长年夏季这个气候特性，甚至将社区内所有的公园用长廊串起来，便于居民的休闲、交通安全和身体锻炼。

完善制度，健全社区自主管理。新加坡的社区注重居民自我管理，为此建立健全了社区居民代表会议制度和居民公约制度，凡是重大事项都要进行社区居民投票表决。如组屋翻新、公共设施建设等重大事项，都必须经社区居民的投票表决，并达 75%以上支持率才能通过实施，以充分体现集体意志的原则。

积极探索,创新社区公共服务方式。新加坡社区服务设施和社区建设项目都由政府进行规划,如园林绿化、环境卫生、停车场等采取市场化的运作方式,然后交给公司经营、管理和维护,政府只负责检查验收。其中,许多受居民欢迎的服务项目都是政府通过购买社区服务实现的。

科学规划,完善社区服务功能。新加坡的社区即政府组屋区,得益于政府在建设组屋区时,就紧紧围绕居民的衣食住行和生老病死等,未雨绸缪、科学规划。在组屋区配建的商业网点和“小贩中心”、绿化公园、文化娱乐、体育锻炼等设施齐全,使居民生活在组屋区感到环境优美、生活便利、舒适安全。

社会参与,建立多层次的社区服务网络。义工是新加坡社区工作和服务的主要力量。义工组织遍布新加坡社区各个服务环节,而且服务机制相当完善,从登记到服务岗位都很便捷。往往在社区生活的成功人士是义工队伍的中坚力量。

(三)　国内“睦邻家园”基本概况

1. 上海“睦邻家园”建设综述

2018全球城市论坛在上海举办,在“长三角城市治理”高峰论坛上,由上海市杨浦区申报的“杨浦区全面推进‘睦邻家园’建设的实践案例”在众多案例中脱颖而出,荣获首届“长三角城市治理最佳实践案例”。

上海是中国开展睦邻家园建设的最早的省市之一,通过近十年的创新探索,撬动社会参与,提升政社合作治理能力,走出了一条全领域、全局性、成体系、成规模的“睦邻家园”建设新路,形成共建共治共享的基层治理格局,在各区涌现出许多睦邻家园建设的先进典型,其中有浦东新区的“家门口服务”、杨浦区的“睦邻家园”、普陀区的“同心家园”、嘉定区的“宜居家园”和闵行区的“美丽家园”等。

作为超大型城市的上海,高楼林立、人口密集、交通拥挤,随着社会转型发展,以行政化方式供给的社区基础服务已无法满足居民对更高品质生活的需求,甚至出现邻里老死不相往来的局面。原有的单向约束性、维稳式管控不仅会遗漏大量矛盾,还可能制造新的社会隐患,给超大型城市的治理提出了严峻的挑战。党的十九大报告指出,要“提高社会治理社会化、法治化、智能化、专业化水平”,构建“共建共治共享”的社会治理模式。为此,强化依法治理,善于运用法治思维和法治方式解决城市治理顽症难题,努力形成城市综合管理法治化新格局就成为上海着力探索的当务之急。在此背景下,加快补好短板,聚焦影响城市安全、制约发展、群众反映强烈的突出问题,加强综合整治,形成常态长效管理机制,努力让城市更有序、更安全、更干净就成为城市市民的迫切要求,以“睦邻家园”建设为社区治理的模式就应运而生。

基层治理除了政府行政机制、市场利益机制和法律的法制机制以外,还有就是道德规范的约束。因为“大家庭”情感协调机制也至关重要。“睦邻家园”建设的理念就是从“远亲不如近邻”“敦亲睦邻”“邻里一家亲”最朴实的社会关系认知出发,恢复培育中国社会特有的“敦亲睦邻”社会整合机制。“睦邻”除了印刻在公共空间,还印刻在了居民的共同记忆里、社区节庆活动上、文化作品中。“睦邻家园”建设破解的核心问题就是社会参与低、多元参与的治理格局形成难。为动员各方参与,“睦邻家园”建设采取了“打造公共空间—加强服务和活动吸引—促进各方关系连接和组织构建—引导各方参与治理—形成睦邻大家庭文化共识”的建设路径,逐步深入。

上海各区开展“睦邻家园”建设,参与面广,从区委区政府到街道(镇)、从社会各单位到居民会和自治组织,从领导到公民,都是“睦邻家园”的建设者,体现了“人人为我,我为人人”的人际关系的本质。近年来,上海通过党建引领下的“睦邻家园”建设,城区面貌大变样:小区楼道通畅整洁了、设施完善了、环境干净了,破旧街巷换新颜,路边不文明经营减少,楼宇园区多了服务、多了组织、多了活动、多了温馨。老年人、儿童、成年人多代交流加深,互相服务频繁,来沪人员的城市融合度和社会支持率更高。城区多了睦邻的温度,参与的热度,礼治的风度,文明的高度。

作为超大型城市的上海是座有温度的城市,"睦邻家园"建设将中国本土睦邻文化和现代多元治理以及中国共产党基层组织动员贯穿到社区治理体系中,凝聚成上海城市治理精细化的"绣花功夫",形成社会参与新机制,社区治理的新格局,向世界展示了中国特色和基层治理的无限魅力。

2. 上海"社区建设"主要模式的经验

上海在众多的社区建设模式中,以普陀区的同心家园模式、嘉定区的宜居家园模式和闵行区的美丽家园模式最为典型。

表 2　上海"社区建设"的主要经验

区名	名称	主　要　特　点
普陀区	同心家园	一是上下"同心"。突出价值引领,增强思想共识。
		二是"典型"让社区治理有"良方"。要挖掘基层探索出的创新举措和有效做法。
		三是强化服务凝聚,改善民生福祉。建立"自下而上"推动社区自治共治的机制。
		四是注重资源整合,重塑社区形象。形成上下联动、条块协同、整体推进的工作格局。
		五是夯实"基础",提升工作水平。实施班长工程,升级"带头人"能力。
嘉定区	宜居家园	一是注重党建引领。建立"宜居家园"党建联建平台,实现共治资源与社区居民的需求精准对接。
		二是注重对传统文化的挖掘使用,社区营造是体,文化是魂。
		三是结合信息化发展趋势,通过更多的智能化手段推动社区营造的作用发挥。
		四是在精细调查的基础上作出分类推动。因地制宜地设计社区共营项目和活动。

续表

<table>
<tr><th>区名</th><th>名称</th><th>主 要 特 点</th></tr>
<tr><td rowspan="4">闵行区</td><td rowspan="4">美丽家园</td><td>一是将目光聚焦在整治小区顽症，以小区“五违”整治和“六乱”治理为主。</td></tr>
<tr><td>二是环境提升改造，重点聚焦 2000 年以前建成的老旧住宅小区，以硬件设施设备更新改造为主。</td></tr>
<tr><td>三是加强基层治理，让居民成为住宅小区综合治理的发起者、决策者、评价者、监管者和受益者。</td></tr>
<tr><td>四是精准对标群众需求，实现小区运行安全水平和居住环境品质、物业服务的能级等显著提升。</td></tr>
<tr><td rowspan="4">共性经验</td><td colspan="2">一是“结构性嵌入”。 一定要把握结构性嵌入，要解决如何实现党建有效引领的问题。</td></tr>
<tr><td colspan="2">二是“参与性共营”。 即如何通过多元参与达到一种社区价值的共营。</td></tr>
<tr><td colspan="2">三是“协同式共治”。 即通过国家、社会和市场三股力量的协同发力实现社区共营。</td></tr>
<tr><td colspan="2">四是“整体性共享”。 即社区共营的成果为社区居民所共享，社区共营实际上是在不断地创造美好生活的基础条件。</td></tr>
</table>

四、 睦邻家园建设路径和建设目标

（一） 睦邻家园建设的六大路径

1. 深化睦邻党建

睦邻党建是在原有的区域化党建、居民区党建、两新组织党建以及单位党建的基础上，探索不同领域党建的联接机制与合作机制。特别是要在党建的睦邻属性上做文章，即依靠睦邻党建构建不同组织主体之间、不同党组织之间的合作关系，使睦邻党建的积极效应和积极成果下沉到社区之中，实现群众得实惠的目的。睦邻党建的方式是在睦邻共生的理念下，运用社会协调机制，引领居民群众、在职群众和辖区组织单位参与社区关系构建，参与社区服务供给，参与自治共治德治法治，建设睦邻共生的家园，构建社区生活共同体。睦邻党建的重点是党组织和党员带头构建睦邻社会关系，完善睦邻组织形态，搭建睦邻空间布局，优化睦邻文化生态，在治理过程的同时加强基层党组织和党员的自身建设，实现党对基层社会的引领、整合、服务与凝聚。睦邻党建的三个方向是解决社区公共议题、构建党组织合作关系、解决常规化服务所不能涵盖的创造性议题。检验睦邻党建成效的标准之一，就是党的意志和正确要求是否能顺利转化为群众的意志，转化为群众的自觉行动。

2. 开辟睦邻空间

开辟睦邻空间就是要建立开放的、全天候的居民活动场所，促进居民邻近互动，丰富居民的公共生活，积淀社区社会资本。一是睦邻物理空间。运用城市更新、社区营造理念，规划“睦邻家园”建设的空间布局，盘活和优化存量资源，实施社区空间微更新计划。在社区、校区、园区覆盖面、结合点嵌入系列“睦邻”公共空间，增加就近性、日常性、可达性、友好型的小尺度公共空间，增进居民互动性，提升共建与共治的力度；在居民小区全面建设具有标志性的睦邻楼组、睦邻广场、睦邻庭院、睦邻小道、睦邻花园、睦邻街区、睦邻滨江等，开辟睦邻物理空间。二是睦邻网络空间。在睦邻网络空间方面，借助杨浦区新媒体矩阵，整合优化各街镇 App 等网络资源，努力建设一批影响大、参与度高、互动性强的网络睦邻家园，不断拓展睦邻杨浦的网络阵地，开辟睦邻网络空间。在开辟睦邻空间的过程中，一定要注意，睦邻空间并不是原有空间简单地被冠之以“睦邻”的标签，而是在治理轨道上，依靠多主体的参与，借助协商治理、互动治理、协同治理等机制，使睦邻空间被催生出来。睦邻空间的开辟必须内嵌于睦邻机制的构建过程之中。三是睦邻制度空间。从睦邻中心到睦邻家园的关键要“破围墙、开资源、融民心”。破除阻滞睦邻制度空间形成的三个围墙：居委会的组织围墙、小区的身份围墙、居民的心理围墙。破这三道墙不是在物理上去拆这些围墙，而是在制度上作出一些规定。依靠制度的力量将这些组织围墙、身份围墙和心理围墙慢慢消融在睦邻家园的构建进程之中。将睦邻中心涵盖的 4 个或 5 个居委会、居民都容纳进去，做到资源共享，人心共聚。唯有依靠具有扩展性和包容性的制度架构，才能真正实现从睦邻中心到睦邻社区的跃迁与升级。

3. 弘扬睦邻文化

睦邻文化旨在构建社区的文化纽带和文化认同标识。依靠睦邻文化引领社区建设和社区治理，使睦邻精神成为中国社区精神的化身。一方面继承中国“敦亲睦邻”“里仁为美”“恭宽礼让”等的优良传统，延续美好的民族文化基因；另一方面从当下城市居民的居住形态、出行方式、工作方式等实际出发，开展形式多样、丰富多彩的社区活动，建设有温度、有活力的睦邻家园。一要通过举办睦邻节，形成有社区特点、时间固定、全体参与、喜闻乐见的社区居民的公共节日。二要创作睦邻歌、编写睦邻志、编演睦邻剧等，打造睦邻文化新形态，开展和睦家庭、睦邻伙伴、睦邻公益、睦邻微信群等活动，构建新型睦邻关系。三要探索社区民主协商形式，完善“三会制度”，摸索接地气的“可操作的民主”，共办邻里事，将协商民主落到实处；开展“公序民约”建设，以住户守则、邻里公约等形式，发挥居民治理主体作用；深入开展“一居一品”居民自治项目，实现邻里互识、互信、互助、自助、自管、自治。四要开展“法治睦邻”活动，继续推进“社区法治专员”试点项目，不断推进法治文化在社区落地生根。在未来一两年内，打造带有睦邻系列品牌的各种社区自组织和社区社会组织，如睦邻家园、睦邻书屋、睦邻亲子乐园、睦邻心理咨询服务社、睦邻书法组。

4. 培育睦邻团队

随着人民群众的物质、精神文化生活的丰富多彩，各种群众自组织团队如雨后春笋，发展迅猛，团队数量规模、活动项目层次和活动频率都有很大提升，杨浦区顺势而为，顺应需求，把培育睦邻团队作为睦邻家园建设的重要目标，成长一批有影响力、有知名度、有治理能量的团队。一要发挥团队凝聚居民群众作用，城市社区人个体化、原子化趋势明显，我们要积极推动团队建设，以团队把原子化的居民再组织化；二要发挥团队在社区公共管理、公共服务、社规民约制定等方面的积极作用，拓展团队的社会功能与活动领域；三要促使素质高、组织性强的群众团队从“活动型组织”向“功能型组织”的转变，促使社区趣缘组织向社区自组织的转变。在居民区层面，建立健全睦邻家园自治理事会，在街道与居委会之间的街区构建睦邻家园共建促进会，使睦邻家园自治理事会和睦邻家园共建促进会成为支撑睦邻家园的最为重要的两根支柱。

5. 扶持睦邻达人

按照“共建共享”的原则，遵循“人人参与”的机制，广泛调动社区各种人才资源，激活社区、校区、园区、商区、营区等方方面面的党员群众、志愿者、社工等积极性。一要倡导居民做积极的行动者，大力推进“我家园、我行动”等系列活动。发现和培育睦邻典范（睦邻达人）、睦邻志愿者、睦邻伙伴、睦邻少年等，形成睦邻家园建设的骨干队伍。大力发掘、发挥社区居民中的专家、律师、医生、明星和能工巧匠等在睦邻家园建设中的价值引领、示范表率作用，增进居民的向心力、凝聚力。二要广泛开展楼组长、物业管理人员、业委会成员等社区日常管理服务人员的“睦邻大使”活动，激发正能量，做好各自本职。在街道或居民区层面实验睦邻达人金点子工程、睦邻达人擂台赛、睦邻达人公益秀等活动，使睦邻达人成为杨浦睦邻家园最为耀眼的名片。

6. 健全睦邻机制

可以说，离开了睦邻机制，睦邻空间就失去了其应有的制度内涵和治理内涵，没有睦邻机制，就无睦邻家园的诞生。机制是串联社区各种要素的参与、共治与互惠的传感器，直接促成“大睦邻”与“小睦邻”的诞生。单纯的以服务、救助为目的的资源投放机制和公共产品供给机制，不能被视为是睦邻机制。在具体运作过程中，睦邻机制要符合日前社会结构特征、社会群体心理特点，党政机关职能部门之间的联结可以采取刚性的动员机制，其他大部分睦邻机制主要采用情感、信任、公益、价值感等唤醒广大党员群众的社会属性。要坚持问题导向、行动导向，围绕当前社区难点、瓶颈问题，如住宅小区综合治理中的维修基金续筹、老旧电梯改造、群租等，建立简便、高效的工作机制，体现为联接机制、合作机制、互动机制、协同机制、协商机制、利益机制等。

（二） 睦邻家园建设的四大目标

“睦邻家园”作为有着丰富内涵和价值关怀的“杨浦标识”，它连接过去与未来，连接理念与现实，连接政府与社会，连接居民区内外各要素。建设睦邻家园的目标并不是单一的，而是多重的。其目标包含如下四个方面：

1. 探索基层党建新格局

睦邻党建作为睦邻家园的重要组成要素，把区域化党建、园区党建和居民区党建提升到了一个新的层次。睦邻家园最为重要的特征就是为基层社会的治理注入了价值和灵魂，同样，睦邻党建也是为区域化党建和基层党建注入了价值和灵魂。将各种要素贯通在一起的睦邻党建并不仅仅具有空间上的整合功能，它更是将党的信念与使命和基层社会紧密结合的积极尝试。以前的区域化党建更关注空间层面的资源整合与相互合作，如何将区域化党建的价值关怀充分挖掘出来，如何将区域化党建、园区党建和居民区党建的价值关怀呈现出来，是城市基层党建要解决的大问题。睦邻党建的重要目标就是要推进区域化党建、园区党建和居民区党建的整体性提升，使服务型党组织的建设真正落到实处，以此探索基层党建新格局。

2. 创新基层治理新机制

机制创新是创新社会治理、加强基层建设的生命线。睦邻家园不能停留在理念层次，必须要落实到基层治理机制创新上来。只有切实有效的机制，才能保证睦邻家园的长效性、延伸性和扩展性。在建设睦邻家园过程中形成的街道办事处与驻区单位之间的共治共建机制、社会组织与居委会之间的合作机制、政府与社区之间的互动机制、推动社区自治组织关注社区公共生活的参与机制等，都要在睦邻家园的建设过程中固定下来。以此为基础，为社区治理体制的定型化奠定坚实的基础。

3. 塑造条块关系新结构

过去，中国城市社区要么是在条条部门的分割中无所适从，要么在条块之间矛盾中难以形成有效的治理合力。大量的事实证明，当各种职能部门把自己的意图强加给社区的时候，必然导致社区的排他性治理。而排他性治理是与社区的本性完全背道而驰的。社区治理的基本原理之一就是包容性治理。上海“1+6 文件”以及新近推出的《街道办事处条例》就是要解决这一问题。赋予街道办事处的公共管理、公共安全和公共服务三大职能，是上海过去三年创新社会治理和坚强基层建设的最大亮点。杨浦区进一步依托睦邻家园，将条块连接在一起，使条块合作拥有了坚实的理念和清晰的目标。协调条块关系，使其合力汇聚到社区之中，并不是仅仅依靠权力结构的调整，理念和目标则是更为重要的。睦邻家园为条块合力汇聚社区提供了重要契机。

4. 构建社区生活新形态

社区是一种典型的生活共同体，但受制于城市规划、行政区划、居民区规划以及其他多种要素的制约，真正的社区生活新形态并没有形成。例如封闭小区制就是与我们的城市规划、单位住房制度等因素密切相关的。这样的一种规划和形态直接导致了中国城市社区生活处于各种因素的分割之中。涵盖 4—5 个居委会的睦邻中心试图超越这种分割，使社区生活汇聚到家门口的“会所”之中。但受制于睦邻中心的空间束缚等原因，连接不同要素、突破空间分割的社区生活共同体并没有伴随着睦邻中心的建设成长起来。正是在这种背景下，杨浦区委提出了睦邻家园的理念，它弥补了因为各种分割而形成的社会缝隙，连接起了因为各种分割而不能共享的资源。睦邻家园必然要催生社区生活形态的诞生。只有将社区生活共同体催生出来，睦邻家园的建设才算达到了预期的目的。

（三） 杨浦睦邻家园建设的三点启示

经过近十年的创新探索，杨浦区委、区政府和杨浦人民，通过撬动社会参与，提升政社合作治理能力，走出了一条全领域、全局性、成体系、成规模的“睦邻家园”建设新路，形成共建共治共享的基层治理格局。杨浦区睦邻家园建设坚持边探索、边实践、边总结、边推进，取得了初步成效。在理论研究方面，形成了《睦邻家园建设导则》，对睦邻家园建设的空间布局、文化内涵、组织系统、治理体系和党建引领等方面提供建设指南。

1. 依托睦邻中心促进全方位的社区融合

杨浦区将社区睦邻中心定位为“居民家门口的会所”，为社区居民互动交流提供公共空间，为居民议事和开展自治提供平台，为社团、社会组织培育和发展提供阵地。杨浦区按照步行 15 分钟设一个睦邻中心的目标，计划每个街镇建 4—5 个社区睦邻中心，已建成 60 个睦邻中心并投入运营。社区睦邻中心根据社区居民现实需求和潜在需求设置服务项目，为各类人群提供丰富多彩的、有社区特色的服务，促进社区居民从陌生人向熟人转变，提高居民自我管理、自我服务、自我教育、自我监督的能力。睦邻中心的建设，不仅在硬件设施上融合了更多的人性化配置，还依托社会组织负责日常运作，组建居民自治理事会，吸引更多居民主动参与各类公益活动、理性管理社区公共事务，形成良性社区自治循环体系。

杨浦区的社区睦邻中心促进全方位的社区融合，主要体现在：一是功能齐全的空间体系，为社区融合提供多样化的场地。社区睦邻中心的场地均经过专业的设计重新打造，一般场地面积较大，设计新颖，功能区齐全。二是专业社会组织运营，服务更贴合居民需求。由社会组织运营睦邻中心，专职社工负责日常管理，相较于以前零散式服务，现在针对居民需求的服务内容更能引起居民的兴趣。社会组织的运营效果要接受第三方评估机构的评估，正是这种评估机制保证了社会组织工作的有效性。三是服务内容多样化，吸引不同年龄段的居民。社会组织根据睦邻中心辐射区域内居民的实际需求，设计了包括便民服务、基础服务、专业服务、特色服务在内的四大系列服务，内容涵盖了各个年龄段的居民，吸引了大量居民参与睦邻中心的活动。四是充分发挥居民自治，居民积极性提高。睦邻中心由第三方社会组织运营指导，由居民发挥自治功能负责日常服务、活动管理及运作。组建居民志愿队伍，利用志愿者队伍服务社区居民。

2. 以睦邻中心为基点，打造睦邻家园

以政府引导、市场运作为特点，进一步在共享区域资源、共建睦邻空间、共育睦邻文化等领域完善合作机制，形成全社会共同参与共建共治的“大睦邻”格局。

探索社企合作内涵，不断完善街企联动的睦邻家园。进一步积极探索符合市委要求和杨浦实际的社会治理新路，推动睦邻中心向睦邻家园拓展，以社区商业载体为依托，集公益性与商业化为一体的睦邻中心发展模式，共谋社企发展，努力提升社区商业的服务能级，营造群众满意的睦邻环境，努力打造有温度的城区空间，为杨浦睦邻家园建设作出新贡献。

开展多种形式的睦邻主题活动。睦邻主题活动在社区开展以来，市民开展的形式多样，主要有三种：一是以睦邻为主题。通过互动式活动，培育居民交往意识，打破居民之间的互不沟通的状态。例如开展“问候行动”等，帮助邻里之间消除戒备心理，搭建邻里间睦邻友好的桥梁。二是以助邻为主题。以提高社会责任感为目的，培育居民责任意识，实施“助邻工程”。发挥“点燃一盏灯，照亮一大片”的作用。如结亲情对子，每年开展以扶贫济困、邻里互助为内容的“亲情邻里行动”，为辖区空巢老人、困难家庭、弱势群体主动提供服务。三是以乐邻为主题。现代社会由于生活、工作压力比较大，很多社区居民的“欢乐指数”普遍较低。通过打造“以邻为乐”和“快乐邻居”系列文化互动，建立祥和快乐的睦邻关系。例如组建志愿者队伍慰问，定期在社区内表演相声、小品等方式。

制定睦邻家园整体规划。以规划为引领，建设美丽睦邻家园。一是空间体系重组。通过空间重组为睦邻家园建设奠定坚实的基础。空间重组的原则是促进居民之间的沟通与交流，为居民创造、提供更多交流互动的场所。二是服务体系转型。睦邻家园的建设以睦邻中心为载体，由专业社会组织根据居民需求设置满足各个年龄段居民的活动及服务内容，从而吸纳更多的居民参与，进而建立熟识熟悉的关系，使居民之间形成互帮互助的睦邻氛围，把小区打造成有温度、有温情的暖心社区。三是治理体系提升。睦邻家园的建设必须打造以居民为主体的治理体系，建立居民自治队伍，并通过一系列规章制度的设计保障自治组织的规范化发展。实施居民自治，不仅可以扩大居民社区服务的参与度，更重要的是居民自治使各项服务和活动的设计更能贴合居民的实际需求，更能满足居民多样化需求。

与高校共建睦邻家园。杨浦区高校集聚，引入高校智力资源是杨浦“睦邻家园”建设的一大亮点。地处环同济知识经济圈核心区域的四平路街道，借助同济大学智力资源，合作开展了“我们的百草园”“四平空间创生行动”等公共空间优化项目，打造了一个个群众喜闻乐见的“睦邻楼组”“睦邻广场”和“睦邻街区”。街道还和复旦大学合作，从公众参与、社会治理、文化引领等方面提升街区软实力。

3. 加强睦邻家园专业志愿者队伍建设

社区睦邻家园的建设离不开专业志愿者队伍的奉献，进一步延伸和扩大杨浦睦邻中心的品牌效应也需要专业志愿者队伍的奉献，这是睦邻家园建设的重要基础。

依托社区资源，建立志愿者服务站。树立“社区是我家，建设靠大家”的主人翁意识，动员有意愿的人员积极加入志愿者队伍。同时，将社区青少年服务站、社区老年服务中心等作为社区志愿者的培训、服务、宣传基地。通过将政府公共服务项目和志愿者服务相结合、公益事业与志愿者服务相结合的方式，为志愿者提供必要的工作条件和经费支持，全力支持社区志愿者服务事业。对志愿者作系统的、专业的培训，在“志愿者服务站”的统一协调下，将睦邻中心作为志愿者培训、服务、宣传的阵地，形成资源共享、设施共建、事务共管的工作机制。

弘扬专业志愿服务精神，丰富“睦邻家园”内涵。要在社区内培育志愿文化自觉，挖掘、培育各类专业志愿服务先进典型，发挥其示范引领作用，建立荣誉性和补偿性相结合的激励模式，使专业志愿服务成为社区居民的共同志愿，使睦邻文化充分展现志愿服务的精神和品牌。通过弘扬志愿服务精神，构建“睦邻文化”形态的底层框架，将邻里守望、志愿互助等志愿服务精神与睦邻精神有机融合，丰富睦邻文化内涵，增添睦邻家园建设软实力。

完善志愿服务体系，促进“睦邻机制”社会协同。依托志愿服务网络，发挥志愿服务中心载体作用，突出社区志愿服务中心在志愿服务团队注册认证、能力建设、团队培育的功能，建立完善社区志愿者信息库，拓展睦邻中心作为开展志愿服务活动的新阵地。发挥志愿服务体系传感器作用，促成“睦邻机制”有效联结。在社区主要推进以情感、信任、公益、价值感等唤醒广大党员群众社会属性的志愿服务体系，发挥志愿服务体系串联社区志愿者参与、共治、互惠的传感器作用，促进“睦邻机制”诞生、发展、联结。

制定“睦邻家园”三年规划，再上新台阶。为使睦邻家园建设从交通组织、建筑修缮、环境提升、配套设施等全面展开，在杨浦区努力创建创新、宜居、低碳、友好的睦邻社区，并逐渐在全区做到全覆盖。为更好地推进街道睦邻家园建设，在区委、区政府首创社区政工师、社区规划师制度的基础上，由各街道（镇）的社区政工师、社区规划师根据本街道（镇）睦邻家园建设的实际，分别制定三至五年的“睦邻家园”规划，使社区治理再上新台阶。

作为“睦邻中心的发源地”，延吉新村街道建设睦邻家园的群众基础很好：辖区内老旧小区居多，多是熟人社区，居民社群人际关系融洽，方便开展组织协作；同时，街道的空间载体也比较充足，各小区都有足够规模的公共绿地和开放空间。然而，社区公共空间品质不高，使用率低，设施陈旧；道路上乱停车，缺少集中停车位，缺乏遮阳挡雨设施以及固定设施，建筑室内强弱电管线随意排布;街道绿化空间品种单一,缺乏层次,缺少休闲活动空间等问题也给居民生活带来不便,对社区的市容环境也造成一定影响。

针对存在的问题和不足,延吉新村街道借助高等院校、科研院所的资源优势,聘请了一批知名专家学者、行业领袖,分别担任社区治理、养老、法治、安全、文化、健康指导师,共同组成延吉睦邻家园建设导师团。导师团在睦邻家园建设过程中提出专业化、建设性的政策建议,不断提升社区建设和治理能级,在深入调研基础上制定了《延吉新村街道"睦邻家园"三年规划》。

参考文献

一、著作类

[1] 上海市政府社会局编:《上海工厂劳工统计》,中华书局 1936 年版。

[2] 钱化佛述,郑逸梅编:《三十年来之上海续集》,学者书店 1947 年版。

[3] 恩格斯:《英国工人阶级状况》,德国莱比锡 1845 年版。

[4] 汪敬虞:《中国近代工业史资料》第二辑,科学出版社 1957 年版。

[5] 陈港:《上海港码头的变迁》,上海人民出版社 1966 年版。

[6] 《上海掌故》,上海文化出版社 1982 年版。

[7] 邹依仁:《旧上海人口变迁的研究》,上海人民出版社 1983 年版。

[8] 上海市政府社会局编:《上海市工人生活程度》,中华书局 1934 年版。

[9] 朱邦兴等:《上海产业与上海职工》,上海人民出版社 1984 年版。

[10] 上海通社编:《上海研究资料》,上海书店出版社 1984 年版。

[11] 杨浦区地名志编写组:《杨浦区道路地名》,学林出版社 1989 年版。

[12] 黄苇、夏林根:《近代上海地区方志经济史料选辑》,上海人民出版社 1984 年版。

[13] 刘惠吾:《上海近代史》,华东师范大学出版社 1985 年版。

[14] 徐雪筠等:《上海近代社会经济发展概况(1882—1931)》,上海社会科学院出版社 1985 年版。

[15] 杜恂诚:《日本在旧中国的投资》,上海社会科学院出版社 1986 年版。

[16] 徐新吾、黄汉民:《上海近代工业史》,上海社会科学院出版社 1988 年版。

[17] 郑祖安:《上海地名小志》,上海社会科学院出版社 1988 年版。

[18] 杨浩、叶览:《旧上海风云人物》,上海人民出版社 1989 年版。

[19] 姚公鹤:《上海闲话》,上海古籍出版社 1989 年版。

[20] 胡祥翰等:《上海小志》,上海古籍出版社 1989 年版。

[21] 祝鹏:《上海市沿革地理》,学林出版社 1989 年版。

[22] 黄式权:《淞南梦影录》,上海古籍出版社 1989 年版。

[23] 唐振常:《上海史》,上海人民出版社 1989 年版。

[24] 方明等:《经济社会学》,华夏出版社 1989 年版。

[25] 薛理勇:《上海地名路名拾趣》,上海书店出版社 1990 年版。

[26] 张仲礼:《近代上海城市研究》,上海人民出版社 1990 年版。

[27] 卞杏英:《上海革命简史》,学林出版社 1990 年版。

[28] 上海市公用事业管理局编:《上海公用事业:1840—1986》,上海人民出版社 1991 年版。

[29] 于醒民、唐继无:《从闭锁到开放》,学林出版社 1991 年版。

[30] 奕永年、汤伟康、杜黎:《租界 100 年》,上海画报出版社 1991 年版。

[31] 施宣圆:《上海 700 年(修订本)》,上海人民出版社 2006 年版。

[32] 蔡君时:《上海公用事业(1840—1986)》,上海人民出版社 1991 年版。

[33] 谭抗美:《上海纺织工人运动史》,中共党史出版社 1991 年版。

[34] 乐正:《近代上海人社会心态(1860—1910)》,上海人民出版社 1991 年版。

[35] 中共中央文献编辑委员会编:《邓小平文选》,人民出版社 1993 年版。

[36] 张洪祥:《近代中国通商口岸与租界》,天津人民出版社 1993 年版。

[37] 田雪原:《人口与社区综合发展研究》,兵器工业出版社 1993 年版。

[38] 上海市人民政府发展研究中心、上海市地方志办公室编:《上海史研究论丛》,上海社会科学院出版社 1993 年版。

[39] 唐振常:《近代上海探索录》,上海书店出版社 1994 年版。

[40] 胡永钫主编:《上海电力工业志》,上海社会科学院出版社 1994 年版。

[41] 薛理勇:《上海滩地名掌故》,同济大学出版社 1994 年版。

[42] 马克思:《马克思恩格斯选集》,人民出版社 1995 年版。

[43] 施叔华:《杨浦区志》,上海社会科学院出版社 1995 年版。

[44] 许纪霖等:《中国现代化史》,上海三联书店 1995 年版。

[45] 忻平:《从上海发现历史——现代化进程中的上海人及其社会生活》,上海人民出版社 1996 年版。

[46] 吴增基等:《现代社会学》,上海人民出版社 1997 年版。

[47] 丁日初:《上海近代经济史》(第二卷),上海人民出版社 1997 年版。

[48] 〔德〕尤尔根·哈贝马斯:《现代性的地平线:哈贝马斯访谈录》,上海人民出版社1997年版。

[49] 〔美〕塞缪尔·亨廷顿:《文明的冲突与世界秩序的重建》,新华出版社1998年版。

[50] 隗瀛涛等:《中国近代不同类型城市综合研究》,四川大学出版社1998年版。

[51] 熊月之:《上海通史》,上海人民出版社1999年版。

[52] 薛理勇:《上海掌故辞典》,上海辞书出版社1999年版。

[53] 叶孝慎:《上海旧影移民世界》,上海人民美术出版社1999年版。

[54] 《上海杨树浦发电厂志》编纂委员会编:《上海杨树浦发电厂志(1911—1990)》,中国电力工业出版社1999年版。

[55] 周振鹤:《上海历史地图集》,上海人民出版社1999年版。

[56] 郑祖安:《百年上海城》,学林出版社1999年版。

[57] 熊月之:《上海通史》,上海人民出版社1999年版。

[58] 杨万钟:《经济地理学导论》,华东师范大学出版社1999年版。

[59] 高春燕:《社区人口与发展》,中国环境科学出版社1999年版。

[60] 高春燕:《社区人口与发展》,中国环境科学出版社1999年版。

[61] 陆坚心、完颜绍元:《20世纪上海文史资料文库》,上海书店出版社1999年版。

[62] 施福康:《上海社会大观》,上海书店出版社2000年版。

[63] 蔡君时:《上海公用事业志》,上海社会科学院出版社2000年版。

[64] 〔美〕施坚雅著,叶光庭等译:《中华帝国晚期的城市》,中华书局2000年版。

[65] 俞可平:《治理与善治》,社会科学文献出版社2000年版。

[66] 王旭:《美国城市史》,中国社会科学出版社2000年版。

[67] 张钟汝等:《城市社会学》,上海大学出版社2001年版。

[68] 上海市档案馆编:《上海租界志》,上海社会科学院出版社2001年版。

[69] 中国第二历史档案馆、中国海关总署办公厅编:《中国旧海关史料》,京华出版社2001年版。

[70] 上海市政协文史资料委员会编:《上海文史资料存稿汇编》,上海古籍出版社2001年版。

[71] 许英:《城市社会学》,齐鲁书社2002年版。

[72] 顾朝林:《城市社会学》,东南大学出版社2002年版。

[73] 李长莉:《晚清上海社会的变迁——生活与伦理的近代化》,天津人民出版社2002年版。

[74] 〔美〕费尔南·布罗代尔:《文明史纲》,广西师范大学出版社2003年版。

[75] 唐力行:《商人与中国近世社会》,商务印书馆2003年版。

[76] 马长林:《租界里的上海》,上海社会科学院出版社2003年版。

[77] 罗苏文:《上海传奇——文明嬗变的侧影》,上海人民出版社2004年版。

[78] 李天纲:《人文上海——市民的空间》,上海教育出版社2004年版。

[79] 〔美〕裴宜理著,刘平译:《上海罢工——中国工人政治研究》,江苏人民出版社2004年版。

[80] 〔美〕韩起澜、卢明华:《苏北人在上海》,上海古籍出版社2004年版。

[81] 〔美〕卢汉超:《霓虹灯外——20世纪初日常生活中的上海》,上海古籍出版社2004年版。

[82] 苏智良、陈丽菲:《近代上海黑社会》,商务印书馆2004年版。

[83] 上海市杨浦区地方志办公室编:《杨浦方志工作文集》,学林出版社2004年版。

[84] 上海杨浦区地名志办公室编:《解放前的杨浦工业》,上海高校电子音像出版社。

[85] 姚克明:《海上洋泾浜》,学林出版社2004年版。

[86] 卓影:《丽人行·民国上海妇女之生活》,古吴轩出版社2004年版。

[87] 天津社会科学院历史研究所、天津市城市科学研究会编:《城市史研究》,天津社会科学院出版社2004年版。

[88] 张忠民:《近代上海城市发展与城市综合竞争力》,上海社会科学院出版社2005年版。

[89] 熊月之:《上海名人名事名物大观》,上海人民出版社2005年版。

[90] 康晓光:《非营利组织管理》,中国人民大学出版社2011年版。

[91] 原庆丹:《绿色信贷与环境责任保险》,中国环境出版社2012年版。

[92] 王国平:《中国城市化面临的挑战与对策》,中国社会科学出版社2014年版。

[93] 鲍宗豪:《当代中国文明论:文明与文明城市的理论研究》,东方出版中心2019年版。

［94］ 鲍宗豪:《华夏城市文明论》,东方出版中心 2019 年版。

［95］ 陈新光:《特大城市社会风险防范》,学林出版社 2015 年版。

［96］ 南通市年鉴编纂委员会:《跨区域合作共建园区》,方志出版社 2018 年版。

［97］ 刘会远、李蕾蕾:《德国工业旅游与工业遗产保护》,商务印书馆 2007 年版。

［98］ 上海市公用事业管理局:《上海公用事业(1840—1986)》,上海人民出版社 1991 年版。

［99］ 中国第二历史档案馆、中国海关总署办公厅:《中国旧海关史料(1859—1945)》,京华出版社 2001 年版。

［100］ 上海年鉴社编纂委员会:《杨浦知识创新区建设启动》,上海年鉴社 2004 年版。

［101］〔美〕刘易斯·芒福德:《城市发展史》,中国建筑工业出版社 1989 年版。

［102］ 李友梅:《社会认同: 一种结构视野的分析》,上海人民出版社 2007 年版。

［103］ 上海市政府社会局:《上海市工人生活程度》,上海人民出版社 1934 年版。

二、论文类

［1］ 赵祖康:《谈上海都市计划中的干道路线——“城市自由道”》,《工程报导》1947 年第 29 期。

［2］ 赵祖康:《大上海都市计划之若干主要问题》,《工程报导》1948 年第 41 期。

［3］ 马庚存:《论中国近代产业女工的历史命运》,《山东医科大学学报》1996 年第 4 期。

［4］ 马致中:《杨树浦发电厂今昔》,《中国电力企业管理》2000 年第 3 期。

［5］ 承载:《城市社区史与上海史研究》,《档案与史学》2006 年第 6 期。

［6］ 承载:《杨浦区与高校联手共建大学城》,《上海人大月刊》2000 年第 8 期。

［7］ 于峻:《科技促进步文明促发展——浅谈交通行业精神文明建设任务》,《武汉交通科技大学学报》(社会科学版)2000 年第 4 期。

［8］ 张伟:《近代城市女工状况初探》,《西南民族学院学报》2000 年第 12 期。

［9］ 鲍宗豪、李根:《社会控制模式: 理论与现实的选择》,《玄海行政学院学报》2000 年第 4 期。

［10］〔英〕约翰·斯沃布鲁克:《景点开发与管理》,《中国旅游》2001 年第 3 期。

［11］ 李蕾蕾:《逆工业化与工业遗产旅游开发: 德国鲁尔区的实践过程与开发模

式》,《世界地理研究》2002 年第 3 期。

［12］ 黎仕明:《试论近代以来中国城市化与工业化之关系》,《乐山师范学院学报》2003 年第 2 期。

［13］ 顾振国:《上海市创立最早的杨树浦水厂》,《净水技术》2003 年第 5 期。

［14］ 李小波、祁黄雄:《古盐业遗址与三峡旅游——兼论工业遗产旅游的特点与开发》,《四川师范大学学报》(社会科学版)2003 年第 6 期。

［15］ 鲍宗豪:《论国际大都市人文的价值与意义》,《文化大观》2003 年第 8 期。

［16］ 李蕾蕾:《中国工业旅游发展评析: 从西方的视角看中国》,《人文地理》2003 年第 20 期。

［17］ 董一平:《"东外滩"工业文明遗产及其保护性改造研究》,《同济大学建筑与城市规划学院硕士学位论文》2004 年。

［18］ 邢建榕、周金香:《杨浦近代上海工业的摇篮》,《档案与史学》2004 年第 1 期。

［19］ 罗苏文:《沪东近代棉纺织厂区的兴起》,《史林》2004 年第 2 期。

［20］ 邢建榕:《水电煤近代上海公用事业演进及华洋不同心态》,《史学月刊》2004 年第 4 期。

［21］ 李冬生:《大城市老工业区工业用地调整与更新》,《同济大学建筑与城市规划学院博士学位论文》2004 年。

［22］ 常青、魏枢、沈黎、董一平:《"东外滩实验": 上海市杨浦区滨江地区保护与更新》,《研究城市规划》2004 年第 4 期。

［23］ 李冬生、陈秉钊:《上海市杨浦老工业区工业用地更新对策: 从"工业杨浦"到"知识杨浦"》,《城市规划学刊》2005 年第 1 期。

［24］ 寇怀云:《旧工业建筑改造为展示空间的再利用研究》,《中国博物馆》2005 年第 4 期。

［25］ 李林、魏卫国:《内外工业遗产旅游研究述评》,《华南理工大学学报》(社科版)2005 年第 8 期。

［26］ 宫苏艺:《关注工业遗产保护》,《中国地产市场》2005 年第 9 期。

［27］ 胡江路:《工业遗产旅游开发浅议黑龙江》,《对外经贸》2005 年第 7 期。

［28］ 俞孔坚、方碗丽:《中国工业遗产初探》,《建筑学报》2006 年第 8 期。

［29］ 冬生:《杨浦老工业区工业用地更新与调整》,《规划师》2006 年第 10 期。

[30] 袁霜凌:《自贡工业遗产旅游研究》,四川师范大学2006年硕士学位论文。

[31] 黄昌勇:《上海,工业遗产与创意文化——台湾著名建筑师登琨艳访谈》,《城市规划学》2006年第5期。

[32] 董静爽:《德国鲁尔发展旅游业的启示》,《北方经贸》2006年第6期。

[33] 鲍宗豪:《当代中国都市生活方式的理性思考》,《南京社会科学》2006年第9期。

[34] 刘伯英、李匡:《工业遗产的构成和价值评价方法》,《建筑创作》2006年第9期。

[35] 赵勇:《中德老工业基地工业旅游发展比较研究》,《生态环境与旅游开发》2006年第23期。

[36] 汪希芸:《工业遗产旅游"资源—产品"转化研究——以南京市为例》,《南京师范大学》2007年第4期。

[37] 阙维民:《国际工业遗产的保护与管理》,《北京大学学报》(自然科学版)2007年第4期。

[38] 冯莉:《构建和谐民生过程中的问题及对策——以上海市杨浦区为例》,《毛泽东邓小平理论研究》2007年第9期。

[39] 季玉群:《工业遗产及其旅游开发初探》,《江苏商论》2007年第12期。

[40] 张艳玲:《鲁尔区的经验对山西工业旅游发展的启示》,《桂林旅游高等专科学校学报》2007年第8期。

[41] 曹吟吟:《关于上海杨浦老工业区城市更新的思考科技》,《创新导报》2007年第33期。

[42] 叶瀛舟、厉双燕:《杨浦区滨江带工业遗产保护与再利用探讨》,《区域房地》2007年第9期。

[43] 郭文康:《英国工业旅游研究》,山东师范大学硕士学位论文2007年。

[44] 付允、汪云林、李丁:《低碳城市的发展路径研究》,《科学发展》2008年第5期。

[45] 宋瑞霞:《浅析幸福是"合于德性的现实活动"——亚里士多德的幸福伦理思想初探》,《中共浙江省委党校学报》2008年第2期。

[46] 田燕、林志宏、黄焕:《工业遗产研究走向何方——从世界遗产中心收录之近代工业遗产谈起》,《国际城市规划》2008年第2期。

[47] 陈圣涨:《工业遗址公园》,《中国园林》2008 年第 2 期。

[48] 罗朝良:《创建文明城市与构建和谐社会》,《科学社会主义》2009 年第 4 期。

[49] 鲍捷、陆林:《矿业遗产旅游发展研究——兼论安徽铜陵矿业遗产旅游经济地》,《经济地理》2009 年第 7 期。

[50] 鲍宗豪:《金融危机与可持续社会现代化》,《红旗文稿》2009 年第 14 期。

[51] 林睿:《浅析万山汞矿遗址工业旅游对万山特区的经济作用》,《科技信息》2009 年第 20 期。

[52] 韩福文、佟玉权:《东北地区工业遗产保护与旅游利用》,《经济地理》2010 年第 1 期。

[53] 韩福文、佟玉权:《沈阳工业遗产保护与旅游利用探讨》,《国土与自然资源研究》2010 年第 1 期。

[54] 陈菊香:《提升地方政府政策执行力的困境及其解蔽》,《理论导刊》2010 年第 8 期。

[55] 崔镟:《新时代老工厂文化传奇——关于艺术区的思考》,《科技创新导报》2010 年第 8 期。

[56] 王壁、姜琴君:《基丁循环经济理念的工业遗址旅游开发探讨》,《地理与地理信息科学》2010 年第 9 期。

[57] 葛笑春:《企业与非营利性组织的关系管理: 利益相关者的视角》,《科学学与科学技术管理》2010 年第 5 期。

[58] 苟亚宁、路宝建:《当前我国网络文明建设的现状及对策研究》,《人力资源管理》2010 年第 5 期。

[59] 安娟、卜德清:《我国城市工业遗产的保护及再利用研究——从三个实例看工业遗产在我国的再利用》,《江苏建筑》2010 年第 2 期。

[60] 孙福全:《上海市杨浦区: 从工业区向知识创新区的转变》,《中国科技论坛》2017 年第 7 期。

[61] 许嘉璐:《儒学与基督教: 人类危机与世界文明对话》,《文史哲》2011 年第 4 期。

[62] 梁玮男、李忠宏:《关于产业遗产保护与再利用的共生策略研究》,《国际城市规划》2011 年第 4 期。

[63] 黄昌勇、部明等:《发展杨浦文化大格局,助推上海文化大都市建设》,《科学

发展》2011 年第 4 期。

［64］ 徐爱萍：《上海临空经济发展研究》，《现代商贸工业》2011 年第 5 期。

［65］ 赵克让、苏军、李肖敏：《历史文脉在古城镇景观设计中的传承与表达》，《四川建筑》2011 年第 10 期。

［66］ 金捧、钱海洋：《低碳社区建设途径探析》，《新财经 · 理论版》2011 年第 11 期。

［67］ 高丽：《浅析柔性行政方式及其法治化》，《华中师范大学研究生学报》2012 年第 4 期。

［68］ 王征天：《浅议网络文明建设》，《企业导报》2012 年第 8 期。

［69］ 王鑫：《高校志愿者服务长效机制构建探究》，《南昌教育学院学报》2013 年第 1 期。

［70］ 黄建洪、金太军：《当代西方行政改革：整体态势及其启示》，《国外社会科学》2013 年第 2 期。

［71］ 孙悦、郭松洋：《走向柔性社会管理》，《兰州学刊》2013 年第 7 期。

［72］ 陈新光：《创新社会治理体系，防范中国特大城市社会风险》，《中国统计》2014 年第 1 期。

［73］ 骆郁廷：《论社会动员的实现路径》，《江淮论坛》2014 年第 4 期。

［74］ 张继华：《新时期网络文明建设对策研究》，《重庆城市管理职业学院学报》2014 年第 2 期。

［75］ 陈新光、章再彬：《加强区域化党建工作的路径和方法》，《上海党史与党建》2014 年第 3 期。

［76］ 姚芳、陈斌：《党建引领下的社区自治实践创新——以上海市杨浦区江浦路社区（街道）为例》，《上海党史与党建》2014 年第 10 期。

［77］ 吴玄顺：《杨浦：以“决定”支持市容环境长效管理》，《上海人大月刊》2014 年第 12 期。

［78］ 郑星霞、徐加宏：《杨浦区着力创建上海市文明城区》，《党政论坛》2015 年第 2 期。

［79］ 孙苏苏：《海口城市文明与市民文明素质提升研究》，《知识经济》2015 年第 11 期。

［80］ 谭建光：《中国特色的志愿服务理论体系分析》，《青年探索》2015 年第 1 期。

[81] 赵争、冉昆玉:《网络文明志愿者队伍角色定位及发展路径探究》,《安徽工程大学学报》2015 年第 6 期。

[82] 赵争:《打造网络“清朗侠”,构建清朗网络空间》,《中国共青团》2015 年第 5 期。

[83] 徐洪涛:《“工业锈带”的重生——以上海市杨浦区滨江地带的发展为例》,《华中建筑》2015 年第 10 期。

[84] 薛立强:《“史上最严”交通违法大整治的上海模式》,《领导决策信息》2016 年第 47 期。

[85] 冉昆玉:《三区联动、三城融合,积极构建创业创新生态环境——上海市杨浦区助推国家级双创示范基地建设》,《中国经贸导刊》2016 年第 28 期。

[86] 薛立强、范文宇:《城市生活垃圾管理中的公共管理问题:国内研究述评及展望》,《公共行政评论》2017 年第 1 期。

[87] 马丹丹:《用核心价值观引领网络文化建设》,《人民论坛》2017 年第 13 期。

[88] 殷海峰:《新媒体时代网络文明传播工作的实践与思考》,《新闻研究导刊》2017 年第 18 期。

[89] 汪宇婧:《杨浦区城市更新路径探析》,《上海党史与党建》2017 年第 10 期。

[90] 陈新光、鲍宗豪、常绮帆:《从 2018 年浦东新区社会治理指数报告看创新超大型城市社会治理》,《编制管理研究》2019 年第 4 期。

[91] 鲁政委:《GPI 跟踪指数:绿色环保产业的“去补贴”》,《绿色金融报告》2018 年第 7 期。

[92] 中共安吉县委理论学习中心组:《彰显城乡精神文明建设的实践成果》,《江南论坛》2018 年第 12 期。

[93] 王沛杰:《新时代文明实践的五大着力点》,《学习月刊》2018 年第 12 期。

[94] 张敬芬:《睦邻党建:更有温度的城市基层党建》,《党政论坛》2018 年第 7 期。

[95] 刘海云、赵珺楠:《中国民用航空制造产业发展和产品贸易中的问题及应对策略》,《对外经贸实务》2018 年第 7 期。

[96] 李佳:《睦邻家园 精品四平》,《党政论坛》2018 年第 2 期。

[97] 李佳:《政府购买社会组织服务机制优化研究》,《浙江大学学报》2018 年第 3 期。

[98] 张占仓、蔡建霞:《建设郑州—卢森堡"空中丝绸之路"的战略优势与前景展望》,《河南工业大学学报》(社会科学版)2018年第6期。

[99] 张元:《网络社会道德行为规范的建构路径》,《安庆师范大学学报》(社会科学版)2018年第3期。

[100] 熊正良:《社区睦邻点的"宜人温度"》,《人大建设》2018年第5期。

[101] 任姝玮、陈剑琳:《陌邻变睦邻——潍坊四村居民自治项目"绿意"盎然》,《浦东开发》2018年第2期。

[102] 贯社:《上海市嘉定区嘉定镇街道把舞台交给社会组织》,《中国社会组织》2018年第3期。

[103] 宋涵斌:《日本垃圾分类对上海有何启示?》,《上海人大月刊》2018年第8期。

[104] 刘莹:《城市市容环境卫生管理存在的问题和对策研究》,《环境与发展》2018年第10期。

[105] 刘建桥、何勇、陈新光:《提升上海城市软实力的比较优势》,《科学发展》2014年第12期。

[106] 李敏妍:《融合媒体云"商务云"的探索》,《中国有线电视》2019年第1期。

[107] 诸暨市团委:《青春助力"新时代文明实践中心"建设》,《中国共青团》2019年第1期。

[108] 晓彦:《以参与垃圾分类为荣,以准确分类为荣》,《文汇报》2019年第1期。

[109] 张波、陈曦:《网络空间中文化治理的维度与策略》,《社会科学战线》2019年第2期。

[110] 《2018年度中国主要城市交通分析报告》,《城市规划通讯》2019年第2期。

[111] 许璇:《从"拆、改、留"到"留、改、拆"——新世纪以来的上海旧区改造与城市历史风貌保护》,《上海党史与党建》2019年第2期。

[112] 杨飞:《推动城建行业文明创建活动纵深发展的具体实践》,《产业创新研究》2019年第4期。

[113] 艾四林:《讲清楚中国特色社会主义优势,更好讲好思想政治理论课》,《北京教育(德育)》2019年第4期。

[114] 中共湖南省凤凰县委宣传部:《文明实践谱新篇,凤凰展翅竞翱翔》,《思想政治工作研究》2019年第5期。

[115] 邹爱华、何延龙、刘克难:《物业服务企业服务创新研究》,《中国管理信息化》2019年第5期。

[116] 赵喆超:《如何实行生活垃圾分类——回顾上海市生活垃圾分类实施方法》,《中国市场》2019年第6期。

[117] 葛雯君、朱叶琴:《上海市美丽社区建设的实践模式探讨》,《中国集体经济》2019年第10期。

[118] 张晓红:《集成化建设县级新时代文明中心》,《群众》2019年第12期。

[119] 曹峰:《建好县级融媒体中心和新时代文明实践中心》,《红旗文稿》2019年第12期。

[120] 孙蕙:《农民播音员:传递文明实践"好声音"》,《当代贵州》2019年第27期。

[121] 曹孟勤:《生态文明的四个向度》,《南京林业大学学报》(人文社会科学版)2008年第2期。

[122] 蒋旭峰:《文明营销:社会治理模式的转换》,《南京社会科学》2009年第12期。

[123] 陈忠:《发展伦理:能否超越发展中心主义》,《社会科学辑刊》2009年第6期。

[124] 吴定勇、王珏:《城市化及其在中国的百年进程》,《西南民族大学学报》2004年第10期。

[125] 胡祖六:《新型城市化战略要力避"城市病"》,《国土资源导刊》2009年第12期。

[126] 张康之、张乾友:《论复杂社会的秩序》,《学海》2010年第1期。

[127] 马亮:《公共网络绩效研究综述》,《甘肃行政学院学报》2009年第6期。

三、报道类

[1] 《打造创新创业人才高地,杨浦发展国际论坛举行》,上海政务网2011年10月24日。

[2] 《文明城市与可持续发展——鲍宗豪教授在华东理工大学的讲演》,《文汇报》2011年7月4日。

[3] 《杨浦区区域化党建联盟打造人才高地》,杨浦区政府网2014年11月7日。

[4] 《毛泽东亲点陈毅任上海市长：我们打不得一点儿败仗》，中国共产党新闻网2013年7月7日。

[5] 《打造杨浦生态文明建设新常态》，《中国环境报》2015年2月11日。

[6] 《杨浦区确定创新社会治理十大重点项目》，《杨浦时报》2018年6月21日。

[7] 《关于印发杨浦区"智慧城市"建设三年行动计划(2015—2017)的通知》，杨浦区政府网。

[8] 《上海杨浦：遵守交通法规提倡绿色出行》，《杨浦时报》2016年5月16日。

[9] 《上海最后的成片工人住宅"两万户"整体保留：人迁走，房改建》，澎湃新闻网2016年9月25日。

[10] 《大桥："水岸联动"拆违750平方米》，《杨浦时报》2017年3月18日。

[11] 《"五违四必"除隐患河道治理重长效》，《杨浦时报》2017年3月13日。

[12] 《上海创智天地介绍》，百度百科。

[13] 《上海杨浦："文明校园"创建进入开放共享模式》，《杨浦时报》2017年6月18日。

[14] 《浦中小河道整治成果显著，重现"水清岸绿"美景》，东方网2017年12月20日。

[15] 《上海杨浦文化共建打造高品质睦邻文化》，中国文明网2017年2月10日。

[16] 《中外设计师共绘滨江发展蓝图》，《杨浦时报》2017年10月27日。

[17] 《小河道整治交出满意成绩单》，《杨浦时报》2017年12月28日。

[18] 《"一池银波，两岸青葱"将成现实》，《杨浦时报》2018年5月25日。

[19] 《坚决打好水环境治理的攻坚战》，杨浦区政府网2019年4月2日。

[20] 《着力建设人才高地，上海技能人才收入将显著提升》，东方网2018年6月25日。

[21] 《"工业锈带"迈向创新智城——上海杨浦创新驱动转型发展调研报告》，中国经济网2018年10月26日。

[22] 《杨浦创新改变世界，创业引领未来》，上海市政府网2018年10月22日。

[23] 《从"工业杨浦"到"创新杨浦"》，《经济日报》2018年10月28日。

[24] 《中经杨浦论坛》，《经济日报》2018年10月26日。

[25] 《推进垃圾分类，上海正迎来史上最好时机》，《文汇报》2019年2月28日。

[26] 《上海开展史上最严的"垃圾分类革命"》，中国日报网2019年3月15日。

四、统计年鉴

[1] 上海市杨浦区地方志编纂委员会:《杨浦年鉴》,上海科学普及出版社 2018 年版。

[2] 中华人民共和国国家统计局:《中国统计年鉴 2015》,中国统计出版社 2016 年版。

[3] 国家统计局城市社会经济调查司:《中国城市统计年鉴 2015》,中国统计出版社 2015 年版。

[4] 中国省市经济发展年鉴编委会:《中国省市经济发展年鉴 2014》,中国财政经济出版社 2015 年版。

[5] 上海通志馆年鉴委员会:《上海市年鉴(1936 年)》,中华书局 1936 年版。